传承久远的古塔建筑

谢宇　主编

天津科技翻译出版公司

图书在版编目（CIP）数据

传承久远的古塔建筑/谢宇主编.—天津：天津科技翻译
出版公司，2012.3
　　（建筑科普馆）
　　ISBN 978-7-5433-3014-6

　　Ⅰ．①传…　Ⅱ．①谢…　Ⅲ．①古塔—建筑艺术—中国—
普及读物　Ⅳ．①TU-092.2

中国版本图书馆CIP数据核字（2012）第035002号

出　　版：天津科技翻译出版公司
出 版 人：刘　庆
地　　址：天津市南开区白堤路244号
邮　　编：300192
电　　话：（022）87894896
传　　真：（022）87895650
网　　址：www.tsttpc.com
印　　刷：北京阳光彩色印刷有限公司
发　　行：全国新华书店
版本记录：710×1000mm　16开本　10印张　180千字
　　　　　2012年3月第1版　　2012年3月第1次印刷
　　　　　定价：24.80元

（如发现印装问题，可与出版社调换）

编 委 会 名 单

前　言

　　建筑是指人们用土、石、木、玻璃、钢等一切可以利用的材料，经过建造者的设计和构思，精心建造的构筑物。建筑的木身不是目的，建筑的目的是获得建筑所形成的能够供人们居住的"空间"，建筑被称作是"凝固的音乐"、"石头史书"。

　　在漫长的历史长河中留存下来的建筑不仅具有一种古典美，其独特的面貌和特征更让人遥想其曾经的功用和辉煌。不同时期、不同地域的建筑都各具特色。我国古代建筑多为木制结构，且建筑种类丰富，如宫殿、陵园、寺院、宫观、园林、桥梁、塔刹等；现代建筑则以钢筋混凝土结构为主，并且具有色彩明快、结构简洁、科技含量高等特点。

　　但不论怎样，建筑不仅给了我们生活、居住的空间，还带给了我们美的享受。在对古代建筑进行全面了解的过程中，你还将感受古人的智慧、领略古人的创举。

　　《建筑科普馆》丛书分为《气势恢宏的宫殿建筑》、《结构奇巧的楼阁建筑》、《异彩纷呈的民居建筑》、《艺术天堂的寺庙建筑》、《布局讲究的陵墓建筑》、《别有洞天的园林建筑》、《跨越天堑的桥梁建筑》、《传承久远的古塔建筑》、《日新月异的现代建筑》、《生动有趣的建筑趣话》10本。书中分门别类地对不同时期的不同建筑形式做了详细介绍，比如统一六国的秦始皇所居住的宫殿咸阳宫、隋朝匠人李春设计的赵州桥、古代帝王为自己驾崩后修建的"地下王宫"等，书中内容丰富，涵盖面广，语言简洁，并且还穿插有大量生动有趣的"小故事"版块，更显新颖别致。我们对书中的图片都做了精心地筛选，让读者能更加近距离地感受到建筑的形态及其所展现出来的魅力。打开书本，展现在你眼前的将是一个神奇与美妙并存的建筑王国！

　　本书融科学性、知识性和趣味性于一体，不仅能让读者学到更多的知识，还能培养他们对建筑这门学科的兴趣以及认真思考的能力。读者交流邮箱：xywenhua@yahoo.cn；交流QQ：228424497。

丛书编委会

2011年6月

目 录

目录

目录

目录

古塔建筑艺术

古塔建筑的起源

　　古塔，是中国五千年文明史的载体之一，古塔为祖国城市山林增光添彩，塔被佛教界人士尊为佛塔。矗立在大江南北的古塔，被誉为中国古代杰出的高层建筑。

　　"塔"原为梵文stupa音译，意为"坟冢"，本为保存或埋葬佛教创始人释迦牟尼舍利（即遗骨）的建筑。据佛经记载，释迦牟尼灭度后百年，阿育王以佛舍利建起84 000座塔以示尊崇，佛寺建塔之风才逐渐盛行起来。塔在印度有两种形式：一为埋葬佛舍利的"窣堵波"，属于坟冢性质；一为没有舍利的"支提"，属于塔庙性质。中国现存的寺塔多为前者。

　　佛塔是随着佛教从印度传入我国而逐渐兴起的。塔传入我国后与我国建筑和文化传统相结合，发展成中国式寺塔。

　　塔的构造可分为：地宫、基座、塔身和塔刹，地宫保存有舍利函。塔刹由刹座、刹身和刹顶组成。佛塔层数大多为奇数，偶数层的塔较少。

　　传说，最初的佛塔数量极少，只有在佛陀的出生地、成佛地、传法地、涅槃地等八个地方才建塔供奉舍利(佛典上称为"八大灵塔")。由于八个**窣**堵波远不能满足信徒们礼佛的需要，所以佛徒在各地又建起了许多**窣**堵波，后来演化成藏佛像、佛经的建筑，为佛教建筑中颇具特色的一种建筑类型，与佛寺、石窟同为佛教三大建筑。塔表现出三种不同的佛教类型意义，第一类是"真身舍利塔"，为供奉舍利子的塔；第二类是"法身舍利塔"，为供奉佛经的塔；第三类是"墓塔"，是为修行高深、功德圆满的历代高僧建造的墓塔。

佛塔传入中国，与传统楼阁建筑文化融合，成就了我国数量庞大、造型复杂、民族特色强烈的中国塔式建筑。如秦皇汉武都修建过高楼台榭，以候仙人。崇佛敬神的结果是将塔与我国传统楼阁建筑相结合，出现了中国楼阁式塔建筑，**窣**堵波的圆盘式相轮等被抬高到顶上，变成了"刹"，成为中国最早的楼阁式塔。东汉洛阳白马寺塔、北魏洛阳永宁寺塔等，都是楼阁式塔。而下层民众因无力造楼阁，就将塔与中国的亭建筑相结合，便出现了亭阁式塔。敦煌壁画中北胡和隋唐时期的亭式塔，就是塔下部一个木构亭子，顶上加带相轮的刹。亭阁式塔一般被许多高僧作为墓塔。宋以后，随着花塔和喇嘛塔的兴起，亭阁式塔逐渐走向衰落。楼式塔则经久不衰，并且繁衍出众多的支系。

古印度孔雀王朝(阿育王时代)佛教昌盛，佛塔建筑如雨后春笋般在德干高原和印度河恒河平原出现。佛经中记载"阿育王八万四千塔"，佛塔建筑进入鼎盛时期。阿育王时期，印度佛塔由塔、塔周和栏楯三部分组成，位于主塔四面的四座陀兰那(形体结构与中国的牌楼相似)叫"山奇大塔"。这种塔式传入中国后，虽大体上承袭了印度的旧有样式，但也融合了许多中国元素，如真觉寺金刚宝座塔与印度佛陀伽耶金刚宝座塔相比，底座明显加高，中间塔与四角塔的比例又大大减小，我国称这种塔为"覆钵式"塔。

印度佛教密宗兴起后，金刚宝座式塔传入我国，从敦煌428窟北朝壁画中，可以清楚地看到五塔建筑的形式。这种塔在我国建造较多，大多在明朝以后。它们是印度窣堵波在中国古代高层楼阁的传统基础上创造出的新类型。

宋代还盛行铁塔。到元代，窣堵波从尼泊尔又一次传入我国内地，带来另一种塔的建筑模式，即喇嘛塔

(又称"藏式塔")。塔身是一个半圆形覆钵，基本上保存了坟冢的形式，上面安置有长大的塔刹，因喇嘛教多此塔式而得名，由于在元代大肆兴建，成为古塔中数量较多一种。明、清时期，这种塔成了高僧、喇嘛死后墓塔的主要形

式，人称"和尚坟"。与此同时，还出现了铜塔、琉璃塔、风景塔，为中国的佛塔建造艺术添上了丰富多彩的一笔。

古塔建筑形制

中国古塔的建筑形制颇多，佛塔建筑是其中的典型代表，多采用"下为重楼，上累金盘"的形式。中国佛塔早期为木结构四方形楼阁式，至唐以后，砖结构塔替代木结构塔，形状由四方形发展为六角形、八角形、十二角形、圆形、菱形等。造型上也由楼阁式逐渐过渡到密檐式、覆钵式和金刚宝座式、过街式等多种类型。轮廓、线条或刚劲挺拔、铿锵有力，或轻盈秀丽、精巧飘逸，或八面玲珑、精细绝巧。中国佛塔的层数一般习惯取奇数(因为奇数为阳)，塔的构造分地宫、塔基、塔身、塔刹四大部分。中国佛塔是外来文化与民族文化相结合的典型建筑，塔在中国文化里还表达出镇妖魔、兴文风、祈福寿的意念和观敌情、览山水等作用。以后历代佛塔建筑虽然可能有不同的外形，但"下为重楼，上累金盘"的塔式建筑形制已成稳固的模式。汉地佛塔最主要的形式有楼阁式和密檐式两种。

中国古塔主要建筑构成部分分为地宫、塔基、塔身、塔刹四大部分：

1.地宫

地宫，又称"龙宫"，是中国古塔独有的建筑，是中国传统文化对印度佛教塔制的改变。印度佛塔在佛塔顶部供奉佛骨、佛经，这似乎不合中国"入土为安"的习俗，因此出现了在塔下建筑以安放原居塔顶的佛骨、佛经的地宫。地宫一般为砖石砌筑的石函，平面方形或六边形、八边形、圆形等多种。一侧开一门洞，门洞之

外有一甬道与外界相通。石函中有层层函匣相套，内中一层安放舍利。

2.塔基

塔基是覆盖在地宫之上的承塔基础性建筑，唐以前没有赋予重要的宗教意义，只是起着塔身的基础作用，因此，唐以前的塔基比较低矮。唐代以后，尤其辽、金时期，塔基向高大发展，明显地划出较低矮的基台和较高大华丽的基座两部分：像喇嘛塔的基座竟占了塔高的1/3，金刚宝座塔的基座则已成为塔身的主要部分，上面的塔反而要小许多。基座的雕饰也成为古塔最精彩的部分，塔建筑在美学上的意义也愈来愈浓烈。

3.塔身

塔身是塔的主体建筑部分，外部风格表现出各式各样的塔式形制，内部则相对简单地只分为实心和空心两类塔形。实心多以石块或夯土充填，空心者多表现为楼阁式塔，可以登临。主要塔身形式有木楼层结构、砖壁木楼层结构、木中心柱结构、砖木混合结构、砖石中心柱结构五种。

4.塔刹

塔刹是塔最顶端的部分，也是塔最具崇高意义的地方，因此建塔时往往会对其进行重点修饰。塔刹梵语是"刹多罗"，象征佛国疆土，地位的重要性不言而喻，可以说没有塔刹就没有宗教上的意义。许多塔刹本身就是一座小型的"窣堵波"，因此，塔

刹犹如塔的建制，由包括须弥座(基座)、仰莲、刹杆、相轮、圆光、仰月、宝盖、宝珠在内的刹座、刹身、刹顶三部分组成。当然塔刹还有建筑上的实用功能，它是塔收顶必不可少的建筑部件。

古塔的类型

佛塔的类型根据建塔的外形可以分为：楼阁式塔、密檐式塔、亭阁式塔、覆钵式塔、金刚宝座塔、过街塔、花塔、傣族塔、九顶塔、陶塔、琉璃塔、金、银、铜、铁塔以及穆斯林清真塔等。

佛塔的类型根据塔的功用可以分为：舍利塔、藏经塔、风水塔和墓塔等。

1.楼阁式塔

楼阁式塔是中国古塔中数量最多、分布最广的塔，并带有明显的地域特征。典型造型是：下为重楼，上累金盘，造型呈方形，四面立柱，每面三间四柱，有梁枋，斗拱承托上部楼层。楼阁式塔早期为木结构，隋唐后多为砖石仿木质结构，其特点同我国传统楼阁建筑构造相似。以后外形特征出现变化：方塔渐少，六面塔、八面塔则较常见。塔每层上有仿木结构的重楼，楼有仿木的门窗、柱子、梁枋、斗拱，塔檐大多为木结构或砖砌仿木质结构，形象上更突出檐角高翘的韵味，产生轻盈飞动的美学意境。高大者楼内有楼板、楼梯，可登临。

楼阁式塔的地区分布特点是：

南方以苏、浙、沪、粤为楼阁式塔的主要地区，代表作有上海方塔与杭州六和塔；北方以冀、晋、陕、甘、辽等地为主，代表作有山西应县木塔、河北开元寺料敌塔、河南开封佑国寺塔等。

2.密檐式塔

密檐式塔是楼阁式塔由木结构向砖结构转化过程中发展起来的一支古塔系列，其形象高大，层级较多，以外檐层数多且间隔小为显著特征，故名"密檐式塔"。密檐式塔的主要特征：下部第一层塔身高、大，以上各层则塔檐层层重叠，距离很近，无门无窗无柱，不成楼层（早期密檐式塔有小假窗）。因没有门窗结构，故多实心，一般不可登临，或可登临但也不宜眺望。基座与第一层塔身特别突出，雕饰复杂。

密檐式塔流行于隋、唐、辽、金，并具有明显的地域性特点：方形平面造型塔，多分布在黄河中游地区，以河南、陕西居多；八角平面的辽、金塔，多分布于东北、京津、晋冀地区。辽、金时期，密檐式塔第一层有佛龛、门窗、斗拱等雕饰。元后，密檐式塔渐渐衰落。

3.亭阁式塔

亭阁式塔是传统亭阁与印度窣堵波相结合的塔式建筑，主要流行于唐宋以前，唐后则较少见，多为历代高僧的墓塔。典型特征是：唐前塔身多为方形，唐宋为方形、六边形、八边形或圆形。塔檐多为单层，罕见双层（仅见山东清灵岩寺慧崇禅师塔为双重亭阁塔）；底下有台基，顶部建塔刹，一般不做豪华的

雕饰。山东历城神通寺四门塔、登封净藏禅塔和五台山佛光寺方便和尚塔，都属这种塔式。

4.覆钵式塔

覆钵式塔，又称"喇嘛塔"，为藏传佛教(即喇嘛教，是佛教密宗与藏族本教相结合的藏传佛教) 所常用。典型特征为：建筑造型接近于印度窣堵波，材料多为石材，少有砖料；塔基多为一层到五层不等的方形、圆形、八角形须弥座，基座有内室；塔身为一几何形覆钵窣堵波，塔刹在喇嘛塔造型中具有显赫的地位，由相轮、圆盘(华盖)、刹顶组成，塔盘垂流苏，塔刹多用宝珠或小铜塔；塔外壁通常涂成白色，是高僧墓塔的主要形式。

喇嘛寺塔建筑主要流行于西藏、青海、内蒙古地区，现存的喇嘛塔多为明、清时期的建筑。中国现存最早、最大的喇嘛塔，当属建于元代的北京妙应寺白塔。

5.金刚宝座塔

金刚宝座塔是佛教密宗一派的佛塔，既具浓厚的印度风格，又有强烈的中国传统文化韵味。因汉地大多不信奉密宗，故金刚宝座塔在汉地发展较为缓慢。金刚宝座塔的典型特征：

塔下部为一方形巨大高台(印度金刚宝座塔体量低小)，台上建有五个正方形密檐小塔(代表金刚界五方五佛，即中央大日如来、东方阿閦佛、南方宝生佛、西方阿弥陀佛、北方不空成就佛)；塔座上雕刻五种动物：即金刚五佛的坐骑狮子、大象、马、孔雀、金翅鸟王。其代表作品以北京真觉寺金刚宝座塔、北京碧云寺金刚宝座塔最为著名。

6.过街塔

过街塔即路上、街上的塔，或称"门塔"，又称"塔门"。过街塔的形式与金刚宝座塔相类似，通常建于交通要道，以供往来行人顶礼膜拜。其主要特征为：一个或三个门洞的高台，高台之上立着一座至数座佛塔，一般为覆钵式，是与中国古代的城门、关隘相结合的塔建筑形式。门洞上的塔就是佛祖的象征，一切有情物从塔下经过就是向佛礼拜。过街塔，其实是佛教走向民间的必然产物，因此也就减少了佛法的尊严，而更显人情味和世俗化，是中国佛教尤其是净土宗发展的自然结果，是普照万物的佛性体现。中国最大的过街塔，是河北承德普陀宗乘庙的五塔门。

7.花塔

　　花塔流行于辽、金时代，是在具有中国特色亭阁、楼阁、密檐式塔基础上借鉴印度、东南亚佛塔雕刻艺术发展起来的一种古塔形式。其特征是：将亭阁塔的塔刹雕砌为莲瓣式或楼阁，密檐式塔塔身上半部密布佛龛、佛像、菩萨、天王力士等繁杂的雕饰形象，塔上部宛如一捧大的花束，甚为华丽美观，如河北正定广惠寺花塔。花塔建筑主要流行于我国北方地区，现存的花塔多为宋、辽、金时期的建筑；元后，花塔几乎没有再建。

8.傣族塔

傣族塔是属于南传佛教的一种佛塔，受缅甸寺塔建筑风格的影响，具有典型的热带建筑特点。其特征为：平面呈八角形，每角建有一座人字脊、山面向外的下坡路塔屋；塔基立着九座佛塔(中央一大，周围八小)，佛塔塔形呈葫芦形，外表皆白；塔刹呈尖形，上有三到五重圆伞，俗称"笋塔"；各塔雕刻莲花或

莲蕾，有浓郁的傣族地方风格。云南西双版纳的曼飞龙塔，就是这种塔的建筑典型。

9.九顶塔

九顶塔平面呈八角形，塔身特别高大，塔顶上立有九座密檐小塔，造型奇特，塔上有塔。山东历城九塔寺九顶塔，为中国九顶塔的仅存珍品。

10.陶塔

陶塔是用陶土分层烧制、逐层对接而成的塔，工艺流程精细而复杂。塔的形制为多角多级的仿木结构楼阁式塔，造型轻巧玲珑，色泽稳重沉静；塔身各式构件如梁柱、门窗、斗拱、瓦垄等精致美观；塔座上雕刻佛像、狮子、力士、花卉及造塔题记，庄严肃穆。我国现存最大的陶塔，是福州鼓山涌泉寺内的一对千佛陶塔。

11.琉璃塔

琉璃塔是用黏质陶土制作坯胎，然后上釉经火烧制而成的砖（瓦）搭建的塔，琉璃塔体上通常雕有佛、菩萨、天王、力士、乐伎等佛教人物像，以及动植物图案。我国现存最早最高的琉璃塔，是河南开封祐国寺的"铁塔"（因色褐

如铁锈而得名）。

12.金、银、铜、铁塔

　　金、银、铜、铁塔是指由金属整体或分层铸造的塔，塔身雕有佛像和各式图案，现存最著名的铜塔，是四川峨眉山伏虎寺内的明代紫铜塔；最早的铁塔，是广州光孝寺内的东西铁塔；最大最重的金塔，是西藏布达拉宫灵塔殿的达赖灵塔(即达赖肉身塔，灵塔殿内供奉着达赖五世、七世、八世、九世、十世、十一世、十二世、十三世八座灵塔）。

13.塔林

　　塔林即各寺院历代高僧的墓地(小和尚是没有资格进入塔林的)，因为墓塔数量多而得名"塔林"。如著名的少林寺塔林。差不多汉地佛教寺庙都有自己的塔林，它形象生动地诉说着寺庙中历代高僧的佛事业绩，既是一部佛教史，又是一卷高僧传。塔林建造的规制也很严格，根据各僧资历造诣差别和尊卑长幼的关系，来规定墓制

的大小、形状、层级、高度。

14.宝箧印经塔

宝箧印经塔是一种造型奇特、与众不同的古塔，因其形制颇似宝箧(匣)，其内又珍藏印经，故得名"宝箧印经塔"，又名"阿育王塔"。又因其大多为金属铸制，其外鎏以金色，故又称"涂金塔"。这种形制的古塔在宋、元时代曾盛极一时，并东传至日本，成为日本古塔中一种重要的类型。目前所见的宝箧印经塔，多为可随意挪动的小型供奉塔，少见地面建筑塔。其中著名的有安徽省博物馆所藏的涂金塔、河南省博物馆所藏的宋三彩阿育王塔、福建福州开元寺石塔和广东潮州开元寺石塔。

15.文峰塔

文峰塔是出现于14世纪后期的一种不同于宗教功能的世俗塔，是中国儒学文化的产物，是中国几千年"学而优则仕"精神的写照。因此，多由地方官主持建造，并常伴随孔庙建筑建于城边山麓、城市路口，醒目地提醒和激励学子仕人求取功名，报效国家。

16.伊斯兰教"宣礼塔"

伊斯兰教塔，又称"邦克楼"或"宣礼塔"，是伊斯兰教文化的重要组成部分。现存最著名的伊斯兰教塔有新疆吐鲁番额敏塔和广州怀圣寺光塔。

辽宁锦州广济寺塔

广济寺原名"普济寺"，俗称"大佛寺"，在历史上也被称作"白塔"、"舍利塔"。坐落在锦州古塔区广济寺内，现存的广济寺殿宇是清道光年间重建的，而广济寺塔自辽清宁三年（1057）建成以来，后世很少修缮，基本保持原貌。

寺院坐北朝南，占地3 000多平方米，有两进院落。最南面为天王殿，过天王殿，东西两侧各有一座四角攒尖、做工精细的方亭。方亭的后面是带前廊的东西配殿，过了配殿即是关帝殿，殿内塑有关羽、关平、周仓的神像。寺院的主要建筑——大殿坐落在关帝殿后面一个高1.4米、雕刻精美的须弥座上。大殿为重檐歇山式，面阔七间，进深三间。屋顶的正脊当中有砖刻阳文"慈云广敷惠日长明"。广济寺塔原高63米，存高57米，为八角十三层实心密檐砖塔。

底部为高大的须弥座，每边长8.6米，束腰由蜀柱、壶门及角神组成。蜀柱上雕刻着人物、花卉、瑞兽等图案，壶门内置坐佛一座。束腰之上为构栏平座，装饰着万字花纹，平座之上是一个巨大的仰莲承托着塔身，第一层塔身的各面设圆形倚柱，券顶佛龛，龛内有一尊坐佛。各面的坐佛除正面的著冠外，其他均为螺发高髻。佛龛的两侧各有一尊立佛。上方有飞天，四周装饰着吉祥云纹。广济寺塔于1963年9月被列为辽宁省文物保护单位。

辽宁沈阳四塔

在辽宁省沈阳城的四周各建有四座塔，每座塔的旁边各建有一座喇嘛寺院。南塔名为"广慈寺"；北塔名为"法轮寺"；东塔名为"永光寺"；西塔名为"延寿寺"。四塔建于崇德五年（1640），于顺治二年（1645）完工。乾隆皇帝曾为四寺题写匾额，悬挂在四寺的大殿之上。永光寺为"慈育群灵"，延寿寺为"金粟祥光"，广慈寺为"心宏彼岸"，法轮寺为"金镜周园"。

四塔四寺除了名称和供奉的佛像不同，其建筑规模和造型几乎完全一致。

北塔法轮寺位于于洪区北塔街27号，占地约1万多平方米，有山门、钟楼、鼓楼、天王殿、大殿、晾经楼、僧房等各式建筑共计四十二间。大殿高悬乾隆御题"金镜周园"匾额，殿内供奉"天地佛"一尊，左右佛两尊，菩萨八尊。"天地佛"俗称"欢喜佛"，为男女拥抱交接状，象征"天地交泰"。天王殿内供奉弥勒佛、四大天王和韦驮。塔位于寺院的东北角，高21米左右，由基座、塔身、相轮三部分组成。基座为方形束腰须弥座，雕刻着西番莲等纹饰。基座及壶门两侧各立石柱，雕刻着俯仰莲、宝莲花等纹饰，每面中间都用两根石柱构成三个

壶门。中间的壶门凸出，内置宝盆、火焰珠，两侧的壶门稍稍内收。基座之上是三层圆坛座，立着宝塔式的塔身，由砖砌成，共十三层，层层内收，塔身顶上为宝盖、塔刹。

东、南、北三塔相继在80年代得到修复，西塔由于过分残破，于1968年被拆除。人们在拆除西塔时发现了地宫，出土了包括佛像在内的一批珍贵文物。1998年，西塔和延寿寺复建，西塔塔高26.33米，塔基座占地256平方米。延寿寺占地总面积为4 000平方米，山门、天王殿、大雄宝殿、东西配殿共占地800多平方米。殿内雕梁画栋，古朴壮观。

另外，从1985年开始，沈阳市文物管理办公室在法轮寺内建立了碑林，现收集到石碑100多通，其中最古老的是明代成化年间的石碑，最晚的是伪满洲时期的石碑。这些石碑经过修复，大多立在寺院当中，向游人无声地述说着古今的事情。

辽宁铁岭白塔

铁岭白塔，原名"圆通寺塔"，铁岭白塔为其俗称，位于铁岭市区内银州贸易城东南侧，古铁岭城的西北角，是辽北现存最早的古塔。关于此塔的始建年代，有人说建于唐代，有人说建于辽代，还有人说建于金大定年间，其始建年代尚待考证，但不会早于辽代。

该塔在明代即已破败不堪，明万历十九年（1591），辽东总兵李成梁夫人出资予以修缮。此塔为八角十三级实心密檐式，塔身为青砖垒造，略呈锥形。塔顶刹杆有铜盘和宝珠，塔座八面嵌有"风调雨顺，国泰民安"八个大字，八面各有浮雕佛像一尊，并饰宝盖。第一级塔身南部是神佛像，塔檐下部有砖雕斗拱，塔基和塔身有砖雕装饰。每层塔檐都悬挂铜镜和铃锋，塔身涂白，故称"白塔"。古时此塔为城中最高建筑，《志书》记为"二十里外能望而见之"。每当雨后，塔高云低，云飘塔间，故有"白塔横云"的美称。古人曾用"山雨过城头，雨晴云未散；忽见白塔尖，钻入青天半"的诗句来赞美白塔的秀丽景色。

辽宁龙峰寺舍利塔

舍利塔位于辽阳县下达河乡下涧村龙峰寺东北的山坡上。其设计精美，为八角汉白玉三层中空宝塔，塔高21米，八面塔身雕琢十尊佛像，取汉、藏、印风格为一体，集古典建筑和现代建筑精华于一身，耸云端，展伟姿，祁愿国泰民安。舍利塔中供奉的是释迦牟尼佛的舍利子。释迦牟尼佛是掌管婆娑世界的现世佛，在中国、日本等佛教僧侣中声誉最高。只有达到"自觉、觉他、觉行圆满"的佛才能留下舍利子。

舍利子也叫"舍利"，是指佛教祖师释迦牟尼的遗体焚烧后结成的珠状物，后来也指德行较高的和尚死后烧剩的骨头。白色为骨舍利，黑色是发舍利，赤色为肉舍利。这座舍利塔中供奉的是佛祖的骨舍利，为白色珠状晶体。据龙峰寺住持释来愿大师介绍，因乾隆皇帝与龙峰寺颇有渊源，曾御封此庙。于是乾隆皇帝第八代后裔、北京正慈精舍主人爱新觉罗·裕丛将其世代珍藏的五颗佛祖舍利子赐给龙峰寺，以奖释来愿大师住持复兴龙峰寺所持功德，并嘱兴建舍利塔。佛祖舍利是佛宗瑰宝，是佛教信徒顶礼膜拜的圣物。

舍利塔开光之时，可以说是盛况空前。僧人信徒4万余人前来跪拜，虔诚之心可昭日月。此座佛舍利塔是20世纪东北地区仅有的一座，为龙峰寺增添了新的内涵。进入塔内我们便来到了佛的王国。那是造型优美的佛祖圆寂时的塑像，周围墙上的壁画栩栩如生地为我们讲述着释迦牟尼悟道成佛的故事，并使我们感受着佛祖的博大胸怀和悟道成佛的艰辛。菩提树下，释迦牟尼历尽千辛万苦创造了佛教。唐朝开元盛世，佛教又植根于中国沃土，在中国的土地上发扬光大，成为万千民众的追求和信仰，这些无不展示着佛教的博大精深。

长白山灵光塔

　　灵光塔位于吉林省长白朝鲜族自治县城西北塔的山顶上，为长白朝鲜族自治县政府所在地。在县城西北方向的塔山顶端建有灵光塔，它是一座重要建筑。

　　灵光塔呈方形，边长3米，是一座五层楼阁式塔，高约20米。乍看外部，它的构造与中原地区唐代的砖塔极其相似。塔的地面部分没有台基，也不做基座，塔身从地面直接砌出来。现存的石块台基，是几年前长白县文化局维修时用石块砌成的，以防塔砖脱落。第一层塔身比较高，有4.6米。塔壁全部用砖砌，南面开券门，做成平弧券。这种构造大约从北魏石窟就开始了，后来被部分砖石建筑采用。塔身四面近于檐下部位镶方形浮雕砖块，表面有简单的线刻图案，如莲花等，花瓣宽厚，特别是塔的北面层层都施用这种雕刻图案。塔的二、三、四层塔身，都砌出简单的砖层，作为平座之示意。塔的东西两个侧面均开有直棂窗，二层每扇六根，三、四层每扇五根，五层每扇四根。这是由于各层塔身宽度逐渐减小，所以窗子的尺度也随之而逐步减少所致。各层直棂窗上涂饰朱红颜料，作为彩色装饰，

至今西侧窗子的朱红色仍然存在。三、四、五层各檐都用叠涩出檐，中间夹一层菱角牙子砖层。塔身的层高逐级缩短，塔身宽度也逐层变窄，出现了优美的轮廓线。从三层至五层，檐子逐渐升起。

第一层有塔室，平面为方形。二层塔室，中心部位留出一个方形空井，上下相通，天井做叠涩。第二层以上做很小的空筒式结构。这是小型塔的一种构造方法。全塔内外壁体均用青砖砌造，砖块质地纯实，每层按长身平砌，层层咬缝，砌得平整，表面不露丁头砖。砌砖均用黄土泥为浆，这是唐代砖塔普遍用的方法，十分古拙。全塔的青砖，因年代久远，已逐渐变为黄褐色调，与当地黄土颜色几乎一致。关中地区唐代建造的塔，同样出现黄色。从表面上看，灵光塔与关中地区的唐塔，如法王寺塔极其相似。

下部安置两层仰合复钵，这是原来的遗物。上部相轮与宝珠等很像是后来更换的，这可能是在清代重修时重新加做的。不过从它的式样来看，仍然保持唐代风格。

从灵光塔的内部结构到外部做法，从工艺到式样，从装饰到色彩，都具有中原地区、关中地区唐代砖塔的风格。

吉林马滴达塔

马滴达塔位于吉林省延边市珲春马滴达乡马滴达村东约1千米马滴达山下距地面高50米处的小平台上。小平台为自然形成的马蹄形，古塔与地名有着密切的联系。因塔位于马蹄形的平台上而得名"马蹄塔"。由于时间的推移，人们将"蹄"称为"滴"，将"塔"称为"达"，即今日所称的"马滴达"。塔于民国年间倒塌，现已是一片废墟。

马滴达塔的平面为方形，与中原唐代各佛塔相似，尤其与西安荐福寺小雁塔的平面相同；与和龙贞孝公主墓，无论是在塔基平面，还是在墓室的结构、规模、筑法等方面都基本相同。由此推断，马滴达塔应该是渤海时期所建。

该塔"地宫"虽没有墓碑、壁画，但出土了人骨。据有关部门鉴定，墓主为一中年男性。马滴达塔基本同贞孝公主墓一样，也是一座墓塔结合形式的墓葬。

该塔距渤海东京龙源府八连城址约50千米，当属京城辖境。贞孝公主墓修建于渤海文王大钦茂大兴五十六年（729），即大钦茂在东京龙源期间，马滴达塔的建造年代也应大约在这个时期，时间不会相去太远。从此可以推测塔的墓主人很可能是渤海王族的重要成员。

此塔是少有的渤海时期的遗迹之一，是珲春境内唯一的渤海塔，对于研究渤海历史，具有重要的科学价值。

河北广惠寺花塔

　　广惠寺塔是一座造型奇特、结构富于变化的唐塔，位于河北正定县城内生民街路东的广惠寺内。花塔是因其塔身上部雕塑有各种塔饰，望之形如花束而得名。也称"华塔"，又名"多宝塔"。花塔始建于唐贞元年间（785~804），金、明、清各代均有修葺。现寺已不存，唯塔屹立。

　　塔高40.5米。第一层的平面为八角形，在它的每个正面又另加建了六角形的亭状小塔。塔身的各个正面及亭状小塔之外都有圆形拱形洞门，下面配置着奇异的斗拱。第二层为平正的八角形，上有层层斗拱檐瓦，下设平座。每面有三间，当中一间是门，两旁是假方格窗棂及长方尖形的砖砌佛龛。第三层的平座很大，而塔身却骤然缩小，四面为方形拱门。第三层塔身以上呈圆锥形。圆锥形塔身的外壁是排列错杂的浮雕状壁塑，上有虎、豹、狮、象、龙及佛像等图形，并施彩绘。壁塑部分以上有八角形檐顶，上为塔刹。花塔是我国古塔中的一种较为特殊的形式，其装饰华丽，整个造型犹如簪花仕女，玲珑别致。

河北定州塔

定州塔，又称"料敌塔"，位于河北省定州市城内，是中国现存最高大的一座砖木结构古塔，有"中华第一塔"之称。此塔于1961年3月4日被列为国家重点文物保护单位。

定州塔建在开元寺塔内，故名"开元寺塔"，又名"开元宝塔"。据定县志记载，此塔为宋代所建。宋真宗时，开元寺的和尚"会能"常到西竺（西域天竺）取经，得"舍利子"回来。咸平四年（1001），皇帝诏会能建塔，把"舍利子"埋在塔底下石匣内（即金棺银椁）。建塔工期从咸平四年开始，到宋仁宗至和二年（1055）落成，前后共历经54年，工程浩大，用

材极多，有"砍尽嘉山（曲阳境内）木，修成定州塔"的传说。

塔身里外两层，如同母子环抱，中间有阶梯，四面盘旋一直到顶。塔高十三级，实为十一层。周围64步，座基周长127.65米，塔高83.7米。当时定州地处大宋北陲和辽国接壤，在军事上用于瞭望契丹军情，故又名"料敌塔"。

因康熙五十九年（1720）六月初八地震，自上至下裂缝3厘米左右，宝瓶摇落。光绪八年（1882）九月再次地震。由于两次地震的影响，导致此塔东北角于清朝光绪十年（1884）六月崩塌。由国家文化部拨专款修缮，目前已修复竣工。

河北保定兴文塔

涞源县的标志性建筑"兴文塔"始建于唐天宝三年（744）。据史料记载，明嘉靖十八年（1539）由僧道两家共同主持对此塔进行了维修。经专家考证，此塔结构样式属于辽代建筑，具有较高的历史、科学、艺术价值。因此，1982年，兴文塔已被河北省人民政府公布为省级重点文物保护单位。

兴文塔的建筑形式为八角五级阁楼式实心砖塔，修缮后重新测量，通高27米，占地面积为37.6平方米，此塔由须弥座、塔身、塔刹三部分组成。第一层塔身最高，以上每层高度均匀递减，全塔除角梁外，均采用仿木构件。须弥座下枋刻仰莲，上枋刻俯莲。用砖条砌成空，八个龟角刻花纹。塔顶呈八角攒尖式。

兴文塔的装饰华丽，该塔檐部和平座均饰斗拱支撑，斗拱为柱头一朵，补间一朵，第一层塔身檐部斗拱出两跳，五铺座，平座斗拱为一朵三升，柱头斗拱加抹角拱。檐下用枋支撑檐飞，檐部八角用方砖铺面，平座饰构栏，栏板用砖砌成条状，望柱顶端呈圆球形。

经过千年的风雨沧桑，塔身第五层已经严重风化，塔刹倾斜，成了斜刹塔。来源县县委、县政府对兴文塔的保护工作高度重视，2005年，在争取各级政府的支持下，对兴文塔进行了修缮，修缮时最大限度地保留了原塔部件。如今，兴文塔又恢复了往日的风采，巍然地屹立在拒马源头。

河北庆化寺花塔

庆化寺花塔位于河北省涞水县北洛平村北2.5千米处的龙宫山南麓，矗立在原庆化寺山门外正南约100米的山崖平台之上。现庆化寺已毁，仅存此塔。

花塔为砖结构，通高13米，围长19.2米，八角形基座，基座上的须弥座高3.4米，束腰各角皆雕一尊力士像。每面均设壶门两个，内雕吹、拉、弹、舞等形态各异的乐伎，束腰以上用双抄五铺作专雕斗拱承托平座，平座构栏各角用柱，每面用间柱一根。栏板为几何纹饰，上托素面平座，平座上为塔身，高3.6米，四个正面辟拱券门，拱顶的两角处各雕飞天一尊，其余四隅各设直棱假窗。塔身各角施半圆形倚柱，上撑第一层塔檐斗拱，斗拱以上是砖雕橡飞，其上覆布瓦顶。第一层檐以上至塔顶是由八层砖砌小佛龛构成的圆形塔檐，每个小佛龛上部雕有3个寿桃，排列成三角形。从第二层至第七层，每层16个佛龛，第八层缩为8个，共计120个。该塔始建年代不详，但从塔的造型及建筑风格分析，当属辽代遗物。1993年被列为河北省文物保护单位。

2001年6月25日，庆化寺花塔作为辽代古建筑被国务院批准列入第五批全国重点文物保护单位名单。

河北宝云塔

宝云塔为砖木结构，高35米，底座周长25.6米，位于河北省衡水市境内。第一层的南面有一拱券佛龛，龛里原有一尊石雕莲花坐佛，另在塔顶有一葫芦形塔刹。与景县舍利塔不同的是，宝云塔的各层建筑风格各异，或为鸳鸯斗拱，或为梅花斗拱等。全塔呈九层八面棱锥体，雄浑古朴，体现了劳动人民的建筑才能。塔的第一层为双层塔檐，并在南面和北面各有一券门。第二层东面和西面开有券门，第三层又是南北各有一券门，到第四层以上，则四面各有一门。由底层至第七层，塔内有砖阶盘旋而上，但塔底部为穿心式，在塔内拾级而上，可到二、三、四层，每上一层，必须由塔外沿塔檐转半圈后，从另一券门进入塔内。若要再上一层时，仍需从券门走出塔外，转半圈进入塔内……以这种形式，攀援登塔，不知出于何种设计原理，但身临其境，颇有惊险之感。身在塔外，方圆数十里内，虽可一览无余，尽收眼底，但贴塔而行，心中仍然惴惴不安，直到下到塔底，才轻舒一口气，庆幸安全落地。不过，一种自豪感会油然而生。塔的第五层以上，为空筒式，在塔内拾级而上，无须步出塔外。关于宝云塔始建于何时，史书所载各异，有说建于隋朝的，有说建于唐朝的，多年来一直未能确定。1980年5月30日，中国科学院自然科学史研究所张驭寰教授等三人，对宝云塔进行了实地考察，根据一、二层塔檐的"批竹头"、"方形圆开"的券门等建造形式看，确属唐代建筑风格，而三层以上的座、檐及雕刻的窗棂等又具有明显的宋代建筑特点。所以鉴定其为北宋初期所建。

2006年5月25日，宝云塔作为宋代古建筑，被国务院批准列入第六批全国重点文物保护单位名单。

河北庆林寺塔

庆林寺塔位于河北省故城县郑家口西南的饶阳店村东。饶阳店村原有一座规模颇为宏伟的庆林寺，该塔即在寺内，故名。庆林寺塔原属庆林寺古建筑群的一部分，因年代久远，现其他建筑已荡然无存，唯有宝塔独立，也称"饶阳店塔"。

该塔系用青砖砌成，坐南朝北，平面为八角形，下为塔座，塔身高六层，为楼阁式砖塔，总高35.67米，建筑面积为165.2平方米。其造型挺拔秀美，砌筑精巧，每层之间砌有双层塔檐。

塔顶有一铜葫芦塔刹。一层为3米多高的塔基，二层以上，每层各在东、西、南、北有一个券门。门上有窗，窗上装有菱纹、云纹和天莲花纹的窗棂。花饰精美，各不相同。塔檐为45°斜拱。塔内为穿心式和壁内折上式相结合，可拾级而上到达塔顶，四壁还有大小不同的佛龛、灯龛等。该塔精巧玲珑，造型美观，独具一格。

据饶阳店关帝庙的碑文记载：北宋初年，有饶、杨两姓在此开店，故名"饶杨店"。在塔的内壁上，有许多游人题的诗词，其中一首是明朝嘉靖年间侍郎、本县人王士嘉题写庆林塔的诗，诗云：

浮图何代建？峭拔入云端。

绝顶登临处，摩挲星斗寒。

从诗中不难看出，连明朝的王士嘉也搞不清塔的建造年代。不过，早期出的《武城县志》和《故城县

志》，都把庆林寺塔说成是唐代建筑。直到1990年，中国科学院的张驭寰教授对庆林寺塔进行实地考察后，根据该塔的建筑风格和特点，确定其为北宋初期所建。

新中国成立后，于1957年和1976年，两次进行修缮，该塔至今保存完好。

2006年05月25日，庆林寺塔作为宋代古建筑，被国务院批准列入第六批全国重点文物保护单位名单。

河北幽居寺塔

　　幽居寺塔位于河北省灵寿县西北山区的沙子洞村，距离县城55千米。那里群山叠翠，环境清幽。据碑文记载，该寺为北齐天保八年（557）赵郡王高睿所建，早年圮毁，仅存方塔一座和碑、幢及石佛像。方塔平面呈正方形，建于方形石基上，7级，高约20余米。第一层正南面有拱券门，可以入内。第二层以上，面阔和高度递减，每层塔檐为菱角牙子叠涩外出，各层共有汉白玉小石佛像17尊，并随塔层逐层缩小，刻工精细，为北齐石刻珍品。塔顶用仰莲花承托塔刹，颇具特色。1991年进行维修，保持了唐代古塔简洁秀丽的风貌。

　　2001年6月25日，幽居寺塔作为唐代古建筑，被国务院批准列入第五批全国重点文物保护单位名单。

河北石家庄澄灵塔

　　临济寺澄灵塔，俗称"青塔"、"衣钵塔"，坐落在河北省石家庄市正定县城生民街东侧的临济寺内。1956年被公布为省级重点文物保护单位。

　　临济寺是一座历史悠久的寺院，东魏兴和二年(540)，它的前身——临济院在城东南1千米左右的临济村创立。晚唐时禅师义玄驻锡此院并创立临济宗，四方信徒纷纷来此参师求学，盛极一时，成为中国佛教禅宗五大支派之一。

　　澄灵塔高30.7米，是一座砖砌八角九级密檐式实心塔。塔下为宽广的八角形石砌台基，台基之上设须弥座，其束腰部分雕饰有极其富丽的奇花异鸟图案，其上为仿木构砖雕斗拱、平座、栏杆；再上即为砖制三层仰莲以承托塔身。塔身第一层很高。正面设对开式拱形假门，侧面饰花棂假窗。转角处作圆形倚柱。塔身的八层檐相距甚近，给人以重檐密布之感。从整体看，除第一层椽飞和各层角梁为木制外，其余各层檐下斗拱和平座栏杆均系砖仿木构。塔顶以砖雕刻的刹座，以铁铸的相轮、仰月、宝珠，增加了佛塔的庄重。

　　澄灵塔设计精巧，造型美观，雕饰富丽，结构富于变化，堪为密檐塔中的佳作。但由于年深日久，早已残破不堪。因此，人们于1985年对其进行大修，各层瓦顶、残破的斗拱、砖雕、铜镜等均一一修缮，焕然新姿。

河北小开元寺塔

　　在河北省邢台县龙泉寺村的东山上，原有一寺，名"开元寺"。明正德年间，该寺长老招募众多能工巧匠，于寺中建一塔，名"小开元寺塔"。现今小开元寺建筑已荡然无存，唯此塔依然矗立，雄风犹在。

　　此塔高约16.7米，由青红两色古砖砌成，相映成趣，望之赏心悦目。第一层是花卉雕，分四面，每面三幅，分别雕镂了水仙、玫瑰、牡丹、芍药、木兰、迎春、腊梅、秋菊、莲花、月季等，百花荟萃、争芳斗妍。这圈花卉的正南，是一幅别具风格的人物石雕，一人骑一匹"四不像"，悠然自得，造型生

动而古拙。第二层是结构严谨的图案画，第三层是动物浮雕。有站立的金九雀、奔跑的梅花鹿、怒目龇牙的麒麟、鬃须虬煞的雄狮，形态迥异，惟妙惟肖。

塔身南北各有一砖刻门扉，门的上方各嵌一青石碣碑。北面碑文上落款：开元寺。中间两行楷书：宝峰长老贵公寿塔。下赘：正德三年。南面碑文记弟子为师傅造塔之事及诸人名。石碑之上分为四层，每层均为六角飞檐形，飞檐错落有致，结构严谨。每层的底部，各有一支绽蕾初放的莲花，托一砖柱作为裹角。这种别具匠心的设计，把艺术与建筑巧妙地融合在了一起。

塔顶翘立一只美丽的石雕雄鸡，向着悠远的山野，引颈长啼。

河北普利寺塔

普利寺塔，又名"万佛塔"，坐落在河北省临城县城关东北部。据重修普利寺碑文记载："宋皇佑三年（1051）建，明嘉靖二十四年（1596）、万历四年（1576）重修。"距今已有900多年的历史，是邢台市保存完整的第二古塔，为省级文物保护单位。

该塔坐北朝南，塔的基层砖墙上刻有974个小佛像，内壁四周砖刻佛像40个，故又名"千佛塔"、"万佛塔"。塔内有井，井内葬有志云异僧佛牙舍利，故又称"舍利塔"。塔居城北岗南，依坡就岗，塔基为高10米、南北长28米、东西宽23米的石砌方台。塔身呈正方形，砖砌而成，高33米，九级八檐，大型飞檐斗拱，顶端有金属塔刹，每层四角原均有玲珑铁钟一挂，晚风徐徐，叮当悠远，"普利晚钟"为临城八景之一。

1959年该塔遭到雷击，塔顶稍向东倾斜。1981年国家拨款对塔身进行了维修。1991年，塔台东壁石墙遭暴雨冲毁，河北省文物局拨款进行了抢修。

2001年06月25日，普利寺塔作为北宋时期的古建筑，被国务院批准列入第五批全国重点文物保护单位。

河北三河灵山塔

灵山位于京东三河市城区东北7.5千米处，海拔为877米，燕山余脉至此融结，突兀成峰。山虽不高，但很秀丽，东面与整个燕山相结，其余三面皆为平原，有泉水从灵山南麓涌出，是京东首处集山、水、林、古迹的自然景区，尤以泉水为盛，山脚下三面有泉，泉水清澈甘甜，汇流成溪，环绕九十九湾入洵河，有"灵山素玉"的美称。

三河灵山塔位于灵山顶端，建于辽代，距今已有1 000余年的历史。塔分五级，高13米，形为八角，砖木结构。塔座有牡丹、芍药图案，其花形叶脉雍容大方；塔基上部砌有连云图案，其线条自然流畅。逐层塔角悬挂风铃，清风徐来，叮当作响，可传到十里开外，韵如编钟，悠扬悦耳。1998年，三河市委、市政府谋划了旅游兴市的思路，对古塔进行了维修，并在塔的周围加上了汉白玉护栏，更增加了灵山塔的威严与雄伟。

河北重光塔

据《龙门县志》记载："龙关城北隅，旧有唐代所建华严寺，明初已毁损，唯存半层残塔，寺院倾颓，掩于荒榛野草中。断壁残垣，见者兴嗟。明代后军都督杨洪巡城见后，叹道：'如来所栖之所，何至颓废于此？待我事毕，必修之。'"不久，杨洪肃清边患，为偿夙愿，"出私币，购良材，请工师"，在原华严寺遗址上重修宝塔，拓建寺院。工毕，英宗敕赐寺名"普济"，塔名"重光"，以记收复塞外失地，山河重光。

重光塔塔形优美，塔身高峻，清秀挺拔，气势宏伟，被誉为"龙关八景"之一。塔为砖石结构，八角七层，高33.67米。塔身内设蹬道，可绕上六层。民间谚语传"龙关有座塔，离天整三柞"。龙关城地处边塞要冲，杨洪在修建重光塔时，不但考虑到它的佛事活动，而且还赋予了它的军事瞭望功能，使之成为一塔多用的建筑，为京西地区所仅有，体现了一个军事家的深谋远虑。

河北南安寺塔

南安寺塔位于河北省张家口市蔚县城南门内西侧，始建于北魏，现存为辽代重建物。

塔形为平面八角，实心十三级密檐塔，高28米。

此塔由四部分组成：塔基、塔座、塔身、塔刹。塔基由石条叠砌，高3.6米；塔座为八角形，砖仿木结构，基部砖叠涩七层。八角每面出兽头，东西南北四面浮雕兽头，并雕有篆字"福禄"，顶仿木结构出檐，顶上施仰莲，高3.4米，每面宽3米；塔身第一层较高，有隅有塔柱，塔横额置斗拱，四面置券形假隔扇门，另四面开小窗，顶部雕盘龙，斗拱之上出飞檐。二层以上，层与层之间紧紧相连，有砖檐隔开，各层之隅均悬挂铁锋；塔刹由一仰复莲花承托着，由覆钵、相轮、圆光、宝珠组成刹身，十分挺拔，有直冲霄汉之姿。

2001年6月25日，南安寺塔作为辽代古建筑，被国务院批准列入第五批全国重点文物保护单位名单。

河北须弥塔

开元寺钟楼和须弥塔位于河北省正定市常胜街西侧。开元寺原名"净观寺"，始建于东魏兴和二年(540)，隋开皇十年(591)改名"解慧寺"。唐开元二十六年(738)奉诏改名。至清后期，因年久失修，寺院废毁，殿堂塌落，仅存钟楼和须弥塔。

钟楼为砖木结构的二层楼阁式建筑，平面呈正方形。面阔、进深各三间，建筑面积为135平方米。单檐歇山顶，上布青瓦，通高14米。其大木结构、柱网、斗拱都展示了唐代建筑的艺术风格，甚至上层木构件还有相当部分保持了唐代原貌。

须弥塔是河北省现存年代最早的一座木结构钟楼，也是北方年代较早的一座。钟楼上挂铜钟一口，高2.9米，口径为1.56米，厚15厘米，造型古朴，为唐代遗物。

须弥塔，俗称"砖塔"、"方塔"，坐落于钟楼西侧。塔身建在高约1.5米的正方形砖砌台基上，塔的平面为正方形，密檐九级，举高39.5米，塔身第一层较高，下部砌石陡板一周，各面两端均浮雕一尊雄劲有力的力士像。

正面辟石券门，门框刻以花瓶、花卉图案，门循浮雕二龙戏珠。门楣上端镶嵌长方形石匾，上面镌刻"须弥峭立"四个楷书大字。每层砖砌迭涩檐，四角悬挂风铎。塔身宽度从第二层开始收缩，外观清秀挺拔，简朴大方，颇似西安唐代的小雁塔，是叠涩出檐塔的典型作品。

须弥塔内第二层上部原作木斗八藻井，可惜已被毁坏。今塔内呈空筒式，内壁垂直，上下贯通。第二层以上的八层，虽然各设一方形小窗，但没有台阶可以攀登。

须弥塔是正定古城"四塔"之一，也是我国建筑宝库的珍贵遗产。1956年被列为省级重点文物保护单位。1988年被列为全国重点文物保护单位，并落架重修。

河北天宁寺凌霄塔

天宁寺凌霄塔位于河北省正定县大众街原天宁寺内，因巍峨高耸而得名，又因塔身系木质结构，故称"木塔"。始建于唐咸通年间（860~874），历代均有修葺，现存为宋、金时的建筑。

该塔为砖木结构的九层楼阁式塔，通高41米，平面呈八角形，矗立在八角形台基上。其塔身一至四层为宋代在唐塔残址上重建，全砖结构，其上各层则为金代重建，砖木结构。天宁寺凌霄塔每层正面各辟拱形洞门或直棂窗，四层至九层，半拱、飞檐皆为木制。天宁寺凌霄塔从第五层开始，各层高度逐层收缩，给人以轻盈挺秀之感。天宁寺凌霄塔的最大特点，是在塔身第四层中心部位竖立一根直达塔顶的木质通天柱，并依层位做放射状。八根扒梁与外檐相连，塔刹原

为铁铸，九层相轮呈枣核状。类似于天宁寺凌霄塔这样的结构国内现存仅此一例，极其可贵。天宁寺凌霄塔的结构不同于木塔，也有别于一般的砖木结构塔。1982年，考古学家在勘察天宁寺凌霄塔的过程中于塔基下发现地宫。经清理，出土了一批颇有价值的文物，其中宋崇宁二年(1103)和金皇统六年(1146)的两方刻有铭文的石舍利函，为断定该塔的确切年代提供了可靠的依据。天宁寺凌霄塔为全国重点文物保护单位。

河北双塔庵双塔

　　双塔庵双塔，又称"太宁寺双塔"，位于河北易县西陵乡太宁寺村西北1.5千米处的半山腰。现存双塔均为辽代建筑。南塔创建于南宋绍兴十四年（1144）。

　　北塔为八角十三层密檐式实心砖塔，创建于辽代，虽经明万历年间重修，但仍保存着辽代的建筑风格。塔通高17.4米，分塔座、塔身、塔刹三部分。塔座为须弥座，束腰部分每角置一力士像，每面分为两块，雕有祥云、蜗牛、蚯蚓、金鱼等图案。束腰之上为砖雕斗拱承托构栏，构栏上也雕刻有各种图案，上置仰莲座承托塔身。塔身第一层正面辟拱形券门，门内有方形天宫，覆斗顶；正面两侧的斜面上各用砖雕一菱形棂条的窗户。每角处均有一砖雕七层小塔，之上为砖雕五踩斗拱承托砖雕檐椽、飞椽等檐部，椽面为筒瓦捉节，角梁为木质，端部置禽兽、风铎。第二层以上檐部均为砖叠涩而承托檐部，各层檐均挂瓦置等。塔刹为二层仰莲承托宝光。

　　南塔为六角三层密檐式实心塔，通高10.58米，分为塔座、塔身、塔刹三部分。塔座为砖砌台上置须弥座，束腰部分为砖雕，上置斗拱承托构栏，构栏之上置仰莲座承托塔身。第一层正面辟门，内为佛龛，门券上雕有相对飞天。对面辟砖雕假门。其余各面置砖雕假窗或砖雕盘龙碑首，每角均有砖雕塔柱。第二、三层为檐式结构，均为叠涩砖承托檐部。塔刹部分自下而上为砖砌覆钵及十三层相轮、仰莲、宝珠。

　　双塔于1993年被公布为河北省文物保护单位。

北京五塔寺金刚宝座塔

五塔寺初名"真觉寺"，后改名"大正觉寺"，俗称"五塔寺"，是因寺中有金刚宝座塔而得名，成为中国古代建筑与外来文化互相结合的创造性杰作。

该塔位于西直门外白石桥以东的长河北岸，建于明永乐年间，清乾隆二十六年（1761）重修。寺内金刚宝座塔建于明成化九年（1473），是我国此类塔最早的实例。它是根据明永乐年间（1403～1424）印度僧人班迪达带来的"佛陀伽耶塔"（释迦牟尼得道处伽耶山寺所建的纪念塔）图样建造的，但在塔的造型和细部设计上采用了中国式样。

五塔是在由须弥座和七层佛龛组成的矩形平面高台上，再建五座密檐方塔。塔和宝座全部用汉白玉石建造，整体造型敦厚而稳重。台座南面开一高大圆拱门，由此可循梯登台，台上中央的密檐塔较高，为十三层；四角的较小，为十一层。台座和塔上的雕刻题材有：四大天王、金刚

杵、罗汉、狮子、孔雀、梵文、八宝法轮、法螺、宝伞、白盖、莲花、宝瓶、双鱼、盘长、象、马、卷草等，中间高塔上刻佛足迹，以示佛迹遍天下之意。种类虽多，华丽而不零乱，是其成功之处。此种形式的塔，全国共有六座，这是最精美的一座。

北京碧云寺金刚宝座塔

北京碧云寺金刚宝座塔建于清乾隆十三年(1748)，是现存金刚宝座塔中最高大的一座，坐落在碧云寺中轴线上最后的最高处。宝座建立在两层极为高大的、以片石砌筑的台基上，为二层汉白玉须弥座，沿台基两侧石阶可到达宝座，宝座是用汉白玉石建造的。其南面正中辟有拱形券门，门两侧有石梯可达座顶，座顶空间由两部分组成。后面是五座金刚塔，各塔的平面均呈正方形，位于中央的一座为13层密檐塔，四周四座为11层密檐塔，各塔刹的造型均呈小型的喇嘛塔形式。宝座的前面中央即登台入口处，又建一小型的金刚宝座塔，在小金刚宝座塔两侧，分立着

两座用汉白玉砌筑的喇嘛塔。整座塔从基础、宝座到金刚塔，周身布满大大小小的雕刻精致的佛像、龙凤狮象、力士等浮雕。宝座上两座小喇嘛塔的塔身上也布满佛教题材浮雕。碧云寺金刚宝座塔的整体基本仿造北京真觉寺金刚宝座塔。但区别在于：大台座上又建一座小型金刚宝座塔，同时在它两侧修建两座小喇嘛塔，这种古塔形制为中国仅有。孙中山逝世后，衣冠封葬于此塔内，故此塔也是孙中山的衣冠冢。

北京白云观真人塔

白云观坐落在北京市西便门外。它是全国最著名的道教宫观，素有"道教全真第一丛林"之称。

白云观创建于唐玄宗开元二十七年(739)，初名"天长观"。金正隆六年(1161)毁于火灾，后经金世宗颁诏重建，更名为"太极宫"。到成吉思汗十九年(1224)，命道教全真龙门派创始人邱处机在太极宫掌管天下道教，广收弟子，开坛演戒，使这里发展为道教在北方的中心。因邱处机号"长春子"，故太极宫又称"长春宫"。后来传说观中有白云缭绕，明洪武二十七年(1394)改名为"白云观"，一直沿用至今。

白云观是一座建筑宏伟的宫观式古建筑群。自金代改建太极宫后，道教丛林已初具规模，当时就有"千柱之宫，百常之观，三极之坛，巍巍乎，奕奕乎"的赞语。据记载，到元代，长春宫已是"正殿五间"，"方丈卢室，舍馆厨库，焕然一新。琳宫秘宇，似于王者"。现存建筑均为明、清两代重建。主要建筑由南至北分中、东、西三路，中路轴线上的殿堂依次有灵官殿、玉皇殿、老律殿(七真殿)、邱祖殿、三清阁和四御殿以及后花园，东路有南极殿、斗姥阁和恬淡守一真人塔(又称"罗公塔")及寮房。西路有吕祖殿、八仙殿、元君殿、元辰殿和祠堂院等。全观共有大小殿堂50多座，建筑面积达10 000多平方米。这些宏丽的殿宇和清幽的花园，在建筑结构与布局上广收了我国南北方园林的特点，尤其是后花园，无论亭台楼阁，还是树木山石，都极为精巧别致，安排得恰如其分，故早有"小蓬莱"的美誉。

白云观山门坐北朝南，对面有一巨大的七层四柱牌坊，坊额上书"洞天胜境"、"琼林阆花"二匾。这里原为观中道士"观星宿，望仙气"的地方。山门前两侧还各有一座华表，巍然屹立，使道观显得分外雄伟壮观。山门为砖石结构，有三个宽大的拱门。中间的门楣上方有"敕建白云观"匾额。门券上雕刻精美的仙鹤、流云和花卉等图案，还有三只生动可爱的石雕小猴隐藏其中，成为白云观的胜迹之一。旧时，北京民间有句俗话："神仙本无踪，只留石猴在观中。"每年正月十九的燕九节，就有许多人到白云观来摸石猴，祈求祛病消灾，万事如意。这虽是无稽之谈，但日久天长民间的习俗被保留了下来，石猴早被人摸得黝黑光亮，形体扁平。这三只小石猴只有几寸大小，又不在一处，寻找起来颇费工夫，为游人增添了不少乐趣。在白云观的重重殿阁中，灵官殿是供奉王灵官像的大殿。七真殿内供奉的是道教全真派祖师王喆(王重阳)七大弟子塑像。邱祖殿是观中的主殿，殿前矗立有长春真人石碑一座。殿内供奉明代雕塑的邱处机坐像，手执如意，身着道袍，神采如生。

邱祖殿后有一座二层楼阁，底层是四御殿，楼上是三清阁。阁内藏明刻道藏5 485卷，是研究道教的珍贵史料。

真人塔又名"罗公塔"，是道教塔中的精品，也是清代前期大型石刻艺术品，建于雍正三年(1725)。塔为石质，通高约10米，形似亭阁，但又有所不同。底为一仰莲须弥座基台，上建八角形塔身。塔身上覆三重檐屋顶，呈檐的椽子、飞头、瓦陇、脊兽、隔扇窗等，雕刻得与木结构形制相同，还雕有道教象征八卦的图案。用藏传佛教寺庙常用的密叠斗拱作装饰。塔顶用小八角亭式，上冠以大圆珠，与一般佛塔的塔刹又不相同，千年宫观，仅此一塔，足见其珍贵。

北京万佛堂花塔

　　万佛堂花塔位于北京市房山区万佛堂村，为市级文物保护单位。万佛堂、孔水洞的花塔、密檐塔，系北京重点文物抢救项目。自1995年春动工修复，于1996年完工。万佛堂、孔水洞是隋唐时代建筑，元大德元年（1279）重建，名"大历禅寺"。万佛寺古迹有三个最为精华的部分：一、镶嵌于庙宇殿堂正面的唐代石雕；二、孔水洞及洞内石壁上三尊隋代石雕像；三、花塔、密檐塔。花塔坐北朝南，平面八角，挺拔俊秀，塔上装饰有三大塔瓣。塔身有"咸雍六年"和金、元时代的墨书题数处。此种花塔据北京市文物部门考证，北京仅有两座。

北京天宁寺塔

天宁寺塔位于北京市宣武区广安门外天宁寺后院。该塔始建于辽代（916～1125），历代均曾对其进行过修缮，大部分仍保持原貌。砖结构，平面八角形，13层，高57.8米，密檐式。方形基台，须弥座式塔座，上刻三层巨大的仰莲瓣，承托第一层塔身，四面有拱门及浮雕像。十三层密檐，紧密相叠，不设门窗，这是典型的辽、金密檐式塔的形式。此

塔造型优美，著名建筑家梁思成先生称赞它"富有音乐韵律"，为古代建筑设计的一个杰作。清王士禛《天宁寺观浮图》诗赞云："千载隋皇塔，嵯峨俯旧京。相轮云外见，蛛网日边明。"可见此塔十分雄伟，现已被列为北京市文物保护单位。

北京燃灯塔

燃灯塔，全名"燃灯舍利塔"，俗称"通州塔"，位于北京市通州区城西北白河岸边。塔的建造年代，一说建于北朝梁太平二年（557），一说建于唐太宗贞观七年（663）。清康熙十八年（1679），在大地震中被损坏，康熙三十五年（1696）重修。砖石结构，平面八角形，高53米，十三檐，密檐式实心塔。塔下部为高大的须弥座式基座，束腰部分雕刻精细。第一层塔身很高，正四面辟门，其余则辟直棂假窗。每层每檐每角都有风铃，共2 224个，成为国内古塔中悬挂风铃最多的一座，而且每个外表都镌刻"善男信女"的姓名，真、行、隶等书体兼有，与众不同。塔顶还有铜镜，也是至今古塔中发现的最大的一座。"古塔凌云"曾为通州八景之一。

北京万松老人塔

  万松老人塔位于北京市西城区西四南大街砖塔胡同东口南侧的塔院内。该塔始建于元代（1271～1368），为青砖结构，原为七层，高约5米，平顶。清乾隆十八年（1753）修建成九层，添加塔尖。现塔为平面八角形，九层，高10余米，密檐式。塔顶为八角尖式筒瓦顶，顶上为两层八角形刹座和宝珠，组成塔刹。此塔小巧玲珑，朴实无华，保留了金、元时期塔的风格。万松老人即万松行秀禅师，是金、元两朝的佛教大师，他圆寂后，遗体被秘密藏在此塔中。现此塔被列为北京市文物保护单位。

北京灵光寺佛牙舍利塔

　　佛牙舍利塔位于北京八大处公园二处灵光寺内。据了解，世界上仅存的两颗释迦牟尼圆寂火化后的牙齿舍利，一颗现保存在斯里兰卡，另一颗就珍藏在八大处公园的佛牙舍利塔中。佛牙舍利塔距今已有800多年的历史了，它的建筑非常精美，底部以汉白玉石作塔基，饰以莲花石座和玉石雕栏。每层镶刻有石门、石柱、石窗。建筑形制为八角十三层密檐，高51米，塔顶八角攒尖，盖绿色琉璃瓦，中心立木神柱一根，长8.5米。宝顶采用印度式，通高6.05米，由鎏金覆钵、宝珠、相轮和华盖等物件组成，挺拔耸立，金光闪烁。

北京妙应寺白塔

　　北京妙应寺白塔位于北京西城区阜成门内大街北路、妙应寺后侧，塔体高大，通高51米，塔体洁白，古朴典雅，没有任何雕饰，故称"白塔"。建于元至元八年(1271)，为我国最早、规模最大的一座喇嘛塔。塔建在一个高大的须弥座式的平台上，台前东西两边有台阶，台阶正中雕刻出一组精美的"二鹿听法"石雕，中央为一个象征佛法的法轮，两旁分别静卧着雌雄二鹿，象征释迦牟尼在鹿野苑传播佛法。塔基为三层方形折角须弥座，其上为半圆突起莲瓣组成的覆莲座和承托塔身的环带形金刚圈，使塔从方形折角基座过渡到圆形塔身，自然而富装饰性。莲座外檐有明代添置的108个铁灯笼。莲瓣之上有五道金刚圈，其上置一个上肩略宽的庞大的圆柱体覆钵，即塔肚子，其最大直径将近20米。硕大的覆钵形塔身有7条铁箍环绕，覆钵上的刹座也被做成须弥座形式，刹座上立着高大粗壮的圆锥形相轮，即十三天。十三天顶端承托直径为9.9米、上覆40块放射形铜板瓦的华盖，其周边悬挂高1.8米、有镂空花纹的36个铜质透雕的流苏和风铃，风来时铃声清脆悦耳。华盖顶上建有一座5米高的鎏金喇嘛塔，高近5米，重达4吨。塔身似宝瓶，比例匀称，轮廓雄浑，气势磅礴，为我国喇嘛塔建筑中的杰作。

北海白塔

北海白塔位于北京市中心北海公园内琼华岛之巅，是北京城区中心重要的人文标志之一。从辽代至明代，琼华岛顶上建的是殿宇，称为"广寒殿"或"凉殿"。清朝建都北京后，笃信佛教的顺治帝接受了他特别崇敬的西藏喇嘛诺门汗的建议，在广寒殿的旧址上建了白塔。从琼华岛山脚层层布列寺院殿宇，直至山顶，最高处是这座藏式白塔，万岁山则被俗称为"白塔山"。白塔山高32.8米，白塔高35.9米，比白塔山还要高，显得高大醒目。白塔由塔基、塔身和宝顶三部分组成。塔基的砖石为须弥座，座上有三层圆台，中部为圆形塔肚，最大直径为14米的塔肚子装饰简洁，只有朝南一面有红底黄字藏文图案的佛龛，装饰精细华丽，称为"眼光门"、"时轮金刚门"，表示吉祥如意。上部为相轮，顶部为鎏金宝顶，分别称为"天盘"、"地盘"、"日"、"月"、"火焰"，宝顶缩腰处有动物及花草图案，塔身有306个通风口，塔内有一根通天柱，高达30米，可见白塔高超的建筑艺术。

苏公塔

苏公塔，又名"额敏塔"，位于吐鲁番市东郊2千米处的木纳格村。建成于公元1777年，是新疆现存最大的古塔，至今已有200多年的历史。苏公塔是清朝名将吐鲁番郡王额敏和卓的次子苏来曼为纪念其父的功绩，表达对清王朝的忠诚，自出白银7 000两建造而成的。苏公塔高44米，塔身上小下大，呈圆锥形。塔中心有一立柱，呈螺旋形向上逐渐内收直至塔顶，共有台阶72级。塔系砖木结构。在不同的方向和高度，留有14个窗口，塔身外部的几何图案达15种之多，可谓精妙绝伦。苏公塔造型别具一格，庄严、古朴，具有浓郁的伊斯兰风格，是吐鲁番著名的旅游景点之一。

整个建筑群由古塔和清真寺两大部分组成，古塔是灰砖结构，为清代维吾尔建筑大师伊布拉欣所建，除了顶部窗棂外，基本不用什么木料。塔身浑圆，自下而上，逐渐收缩。塔基直径达10米，塔身通高40米，塔身中心是用灰砖砌起的一个粗实的圆柱。

维吾尔族优秀的建筑师们，通过塔体展示了维吾尔族优秀的建筑艺术传统。高达40余米的砖塔，自底到顶，一色灰黄，平淡的土砖该会使人感到沉闷、单调，但在聪明的维吾尔族建筑师们别具匠心地砌叠中，用一块块土砖砌成了十多种不同风格的几何图案，波浪、菱格、团花循环往复，变化无穷。立身塔下，抬头仰视，就如置身在一幅复杂而变幻的装饰画前。

塔下的清真寺是一个目前仍在使用的大型清真寺，宽敞宏大。这是一

个很具有地方特色的建筑物。它有可容千人以上的礼拜大厅、穹形的拱顶、造型美观的马蹄形券顶、众多的壁龛、幽暗的布道小室，处处都显示着伊斯兰建筑的风格和浓烈的宗教气息。它们都是用阴干的麦秆和生土坯建筑起来的。以阴干的生土坯砌墙盖顶，建屋造房，这在干燥少雨的吐鲁番地区是十分普通而且具有悠久历史的建筑方法。保存至今的交河、高昌故城，随处可见这种土坯建筑物。在整个新疆，这种生土建筑实在是一项值得总结、研究的方法。据说国内外的建筑专家，已经对这类生土建筑方法产生了浓厚的兴趣。

额敏和卓是一位杰出的爱国者，他的一生都致力于维护祖国的统一。在他的影响下，他的八个儿子，除了长子努尔迈哈默特因病早逝生平不详外，其余的七个儿子在平定准噶尔部分裂以及大小和卓的叛乱活动中，屡立战功，多次受到清政府的嘉奖和表彰。三子茂萨、四子鄂罗木札布先后任伊犁阿奇木伯克，

六子伊斯堪达尔任喀什噶尔阿奇木伯克。1793年额敏和单任协办大臣，加恩赏戴三眼花翎，先后三次去北京朝觐，乾隆、嘉庆皇帝赐宴款待，赏赐黄金，优礼有加，享获殊荣。额敏和卓病故后，次子苏来满子承父业，承袭了吐鲁番郡王爵，成为第二位吐鲁番郡王。

苏公塔是新疆现存最大的古塔，也是我国百座名塔中唯一一座伊斯兰风格的古塔，1985年被列为国家重点文物保护单位。

高昌城塔婆式塔

　　高昌故城位于新疆吐鲁番东20多千米处。公元1世纪时，汉武帝派兵入西域，在这里屯兵。由于这里地势高，且经济繁荣昌盛，故名"高昌"。目前，全城西南部城墙尚完整，其余段口塌落，城中的建筑遗址废墟，到处都是。其中多数佛教寺院堂舍、殿座已成为残迹。在全城东南方向的遗址中，发现有土塔数处，其中有一座土塔，尚存下半部。从中可以看出塔的台基、基座的形象，从而可推知其为一座塔婆式塔（即喇嘛塔的前身）。

　　这座塔婆式塔的下半部由台基、基座组成。台基分为三层，第一层平面为方形，高20厘米；第二层也为方形，高15厘米；第三层为圆形，高12厘米。基座为十字折角式，每面有三个方形折角，周围总计有20个折角（折角式基座即塔婆式塔的基座，也是后来所建造的喇嘛塔的基座式样），折角基座的总高度约为60厘米。

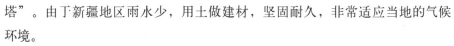

　　高昌故城基本上都用土做主要的建筑材料，即土工建筑。这些塔也都用土做建材，故名"土塔"。由丁新疆地区雨水少，用土做建材，坚固耐久，非常适应当地的气候环境。

　　在高昌故城内，主体建筑都是佛教寺院，完整的塔已不复存在。高昌城里的塔基本上都采用塔婆式塔样式。塔婆式塔即喇嘛塔的前身，这种塔出现的时间很早，南北朝时期就已经出现，例如在天龙山、龙门、云岗之大石窟中已有这类塔的雏形，唐、辽都建造过这类塔，当时喇嘛教还未产生。到元代喇嘛教盛行，他们崇祀塔婆式塔，后来将这种塔改叫"喇嘛塔"。

　　大辽时代又出现塔婆式塔，例如房山云居寺北塔即楼阁式塔与塔婆式塔混合式的建筑，它是一种开创式的设计方法：下半部为楼阁式塔，上半部为塔婆式塔，合二为一。除此之外，在蓟州城内偏南的观音寺塔也是下半部为楼阁式塔，上半部为塔婆式塔，这也是一座辽代的塔。

塔婆式塔到元代为喇嘛教所崇拜，尊奉塔婆式塔为喇嘛塔。从元代以后均称作"喇嘛塔"，而且逐步地大量建造，引入中原，几乎遍及全国。元代喇嘛塔的代表作首推元代至元八年（1271）建造的北京妙应寺白塔，它的外形十分高大。除此之外，北京护国寺东舍利塔、西舍利塔（还从塔内发现了数十座香泥小塔），少林寺塔林中的庆公塔、古岩禅师塔、月岩长老塔，都是元代的喇嘛塔。明代喇嘛塔就更多了，它的代表作首推昆明官渡村坝西妙湛寺金刚宝座塔，为明代大顺年间建造。其他如河北邢台开元寺塔林的喇嘛塔。到了清代，喇嘛塔几乎遍及全国。元、明、清三代建造喇嘛塔越来越多，现在全国各地所见到的喇嘛塔基本上都是明、清时代建造的。

这次在高昌城中新发现的塔婆式塔是唐代建造的，为喇嘛塔的前身，它填补了唐代塔婆式塔的空白。对于研究古塔发展史，是非常重要的，也是十分难得的。这对我们研究塔婆式塔（喇嘛塔）也有着重要的现实意义。

山西五台山塔院寺大白塔

大白塔位于山西省五台山塔院寺内，是五台山的标志性建筑。塔外涂白，洁白如玉，塔基为正方形，高约50米，雄伟挺拔，直指蓝天。塔身状如藻瓶，粗细相间，方圆搭配，造型优美。塔顶盖铜板八块，按八卦排列成圆形。塔腰及华盖四周悬风铃252个，风吹铃响，悠然成韵。古人言此塔："阙高入云，神灯夜烛，清凉第一胜境也。"

1948年4月，毛主席、周总理和叶剑英同志从延安出发，东渡黄河去河北平山西柏坡时曾路经此地，住塔院寺方丈院内。

现在，大白塔东有文殊发塔塔座及明万历年间重修塔院寺碑记。在白塔的东边还有一座小白塔，相传此塔内藏有文殊菩萨显圣时遗留的金发，所以又称"文殊发塔"。藏经阁在大白塔北侧，是一座木结构建筑，内有用汉、蒙、藏多种文字所写的经书2万多册，其中宋至清乾隆年间2 000多册

经卷善本。

　　据说蒙藏人朝圣，多绕大白塔还愿，且行且念或叩头。塔中层建有塔殿三间，内有三大士铜像，瓷质济公像以及木雕刘海戏金蟾等。

小故事

　　大白塔的佛名称作"佛舍利塔"。据传，公元前486年，释迦牟尼佛灭度，其尸骨炼就84 000座铁塔，分布于茫茫大千世界，并在每座塔内藏一粒舍利子。五台山原来的慈寿塔就是其中一座。明万历十年（1582）修建大白塔时，便把这座藏有舍利子的慈寿塔藏在了大白塔的腹内。故明代镇澄法师称大白塔是："自是藏灵久，神拜万古崇。"据说蒙藏佛教徒到五台山，首先要朝拜的第一圣迹就是大白塔，塔院寺也因大白塔而得名。

临汾大云寺金顶宝塔

　　临汾大云寺创建于唐贞观六年（632），重建于清康熙五十四年（1715）。位于山西临汾市西南隅，布局紧凑、错落有致，由前后两座院落组成。中轴线上依次布列有山门、过厅、大雄宝殿、宝殿、藏经楼，两侧为配殿，旁院有禅堂、经舍等建筑，是平阳地区著名的佛刹之一。

　　位居后院的金顶宝塔是全寺的精华所在，它为方形五层楼阁式砖塔，高约35米。塔身一至五层为方形，再上为八角形，似为后人增补。因为佛塔层数都做单数，一、三、五、七、九、十三等，金顶宝塔本为四层，后人又加一层作为塔刹之需，所以共计五层。二层以上急剧收缩。底层宏大中空，前设板门，后置槅扇，中心奉巨形铁佛头像一尊，高6米，宽5米，外饰泥塑彩绘，造像特征应为唐代原作。像头上方，是砖卷八瓣盝顶形藻井，正中倒悬宝珠。一层壁面下部设有砖雕壸门，内雕祥龙、玉兔、麒麟、鹿及花卉。除二层有平座外，其余各层设有塔檐，檐下以砖雕仿木斗拱挑承檐出，檐上瓦垅、脊饰皆为黄绿

色琉璃制作。在塔各层中部均嵌有以绿色为主的琉璃方心，共计58方，内雕佛、菩萨、罗汉、弟子及佛传故事图案，人物雕琢精细，色泽艳丽，这些精湛的琉璃制品，均出自山西阳城县著名匠师之手（阳城为著名的琉璃制品之乡）。塔顶八角攒尖式，上设刹座、覆钵、相轮、宝珠。此塔建造年代较早，但是改来改去，已失去当年的式样，至今仍为清代作品，为清代塔中的优秀典范。

山西应县佛宫寺释迦塔

佛宫寺释迦塔为中国辽代高层木结构佛塔，位于山西省应县城内西北隅的佛宫寺内。因塔内供奉释迦佛，故名。又因塔身全由木制构件叠架而成，所以俗称“应县木塔”。佛宫寺建于辽代，历代屡次修缮，现存牌坊、钟鼓楼、大雄宝殿、配殿等均经明、清改建，唯辽清宁二年(1056)建造的释迦塔巍然独存，后金明昌二至六年(1191～1195)曾进行加固性修补，但原状未变，是世界现存最古老、最高大的全木结构高层塔式建筑。1933年，中国营造学社对木塔进行考察研究，1935年实地测绘，1962年，文物出版社又曾予以补测考察，古建筑研究专家陈明达编著了《应县木塔》。1961年，中华人民共和国国务院公布应县佛宫寺释迦塔为全国重点文物保护单位。

塔为平面八角形五层六檐楼阁式，总高67.31米。塔身矗立在一个大型砖石基座之上，基座分两层，下层方形，上层八角形，高4.4米。该塔每层之间的平座内设一级暗层，所以塔身实为九层。附阶周匝，正南面辟门，塔底层直径为30米。二层以上皆设斗拱挑出平座构栏。每层柱间装隔子门。各层柱头上施斗拱悬挑塔檐，檐上覆盖布筒板瓦，顶层为八角攒尖屋面。铁制塔刹雄伟壮观，瑰丽精巧。

塔身构造是逐层立柱，纵横施以梁枋，其间有斗拱垫托，夹层撑设斜材，自下至上逐层叠架而成。每层随塔身内外设柱子两周，遂致各层构成塔室、围廊和平座。每面分隔三间，有门额、立颊结成框架稳固柱身，围廊绕塔室形成八面排列的桁架。

塔身斗拱依其部位、结构和形状分类，达54种之多，可谓集中国古代建筑斗拱之大成。

塔刹由铁铸部件组合而成。刹下砖砌莲台式基座。刹高9.91米，有仰莲、覆钵、相轮、露盘、仰月及宝珠等。8条铁链系于戗脊下端，久经风雨，完好无损。

塔内各层均有塑像，底层释迦如来坐像高11米，内槽四周绘有壁画，南北门楣横披板上辽画供养人像技法尤精。底层内槽上部置平棊藻井，布列纤巧，是辽代小木作中的佳品。二层佛坛呈方形，上塑一佛二菩萨；三层佛坛呈八边形，坛周束腰镂刻精细，坛上塑四方佛，四层塑一佛二弟子二菩萨；五层塑一佛八大菩萨。各像比例适度，面相俊美，从造型风格分析，当是金

明昌年间"增修益完"时塑造。

1952年成立了应县木塔文物保管所，修筑围墙，排除污水杂草。1974年以来对塔基和塔身残坏腐朽以及局部结构进行了加固维修，如修补残缺的台基栏杆、斗拱和楼板，修葺了"文化大革命"中致残的塑像等。1986年加固了底层南向门道两侧的壁画。

小故事

关于应县木塔的建造，当地流传着这样一个传说：从前有个皇帝得了个恒山的妃子，对其宠爱之至，可是妃子因为思念家乡而整天愁眉不展。皇帝为讨妃子欢心，决定在应州建一座木塔，以便她登高遥望恒山。皇帝下旨要工匠在一年之内造起一座"明六层、暗九层，层层要有八角楼，里外上下用木头，一直盖到云里头"的木塔，延误期限者斩首。工匠们这下犯了愁，捉摸不出这木塔的模样，三个月过去了还没动工，一天，一个老头要与工匠们一起造塔，工匠让老头先去厨房吃饭。过后，工匠们到厨房一看，老头不见了，桌上摆着一个用筷子搭成的木塔模型，工匠们一数正是明六层、暗九层、八个角，一个钉子也不用。大家如梦方醒，知是鲁班师傅见弟子有难处，前来搭救。第二天，工匠们便开始按木塔模型开始造塔，如期建起了高塔。直到现在，人们还说："应县木塔是鲁班爷造的。"

山西浑源县圆觉寺塔

　　圆觉寺塔全称为"圆觉寺释迦舍利砖塔"，俗称"小寺塔"，位于山西省浑源县城北隅，建于金正隆三年(1158)，塔高九层，密檐飞拱，通体砖砌，呈八角形，为全仿木结构建筑。圆觉寺塔分为基座、塔身、塔顶三部分。塔座高约4米，也是仿木结构建筑。塔座有上下两道堂门式束腰，座基四周雕满砖刻浮雕，总计三组，其中有舞乐人像40个，有的作长袖舞，有的作长绳舞，有的手抱琵琶，有的撑羯鼓吹羌笛，有的拍击板，姿态各异，逼真动人，对研究我国古代民族文化，特别是北方民族的歌舞、乐器有一定的价值。雕刻的花鸟禽兽，活灵活现，栩栩如生。

　　塔身下直、上尖，呈圆锥形，第一层距塔座较高，以后各层，层层紧收，到第九层突然升高，作为同第一层上下对应。每层檐角皆悬挂风铃，共有风铃72个，风动铃响，像一首交响曲。

　　除第一层外，其余各层均无梯级可攀登。第一层四面辟门，唯正南为真门，其他三门均为假门，这三个假门，有的半开，有的虚掩，有的紧闭，设计者独具匠心，真假难分。

　　从南门进入塔身内室，正中置须弥座，上塑释迦佛像，四壁施彩绘，色彩尚新。塔顶上端安装莲花式铁刹，再上为覆钵、相轮、宝盖、圆光、宝珠，铁刹尖端有一翔凤，翔凤也能随风转动，千百年来旋转不息，是古代精巧的天然风向标。

　　据《浑源州志》记载，宝塔所在的地方原来是一处寺院，即圆觉寺。塔前正南为山门，山门为单檐歇山顶，建筑高大而讲究。塔的正北为正殿，正殿为五进二深，正殿的东西为配殿，正殿和配殿为砖木结构。

屹立于寺院的这座宝塔是金代一个名叫玄真的僧人主持筹建的。但塔的第一层南面有比金正隆三年早33年的题刻。据此看来，此塔实际修建的时间比州志所记载的要早。明成化五年(1469)，浑源知州关宗对砖塔进行了修茸，并在塔身上嵌了一处记录当事人员的石刻。明万历四年(1576)、清咸丰九年(1859)对小寺塔都进行过修茸。由于用料考究，建筑合理，虽经800多年的风风雨雨，特别是历史上的几次大地震，塔体仍完好无损。

20世纪30年代初的直奉战争，寺内为奉军所占领，僧侣被扫地出门，官兵肆意破坏，圆觉寺被糟蹋得狼狈不堪。日军侵占浑源后，除掠夺大批文物外，将正殿、配殿全部拆毁，只剩下残墙断壁内的一座宝塔。解放初期在塔西南的土丘上立着一尊头臂皆断的石佛，此佛质地白细，衣纹流畅，在辽金塑像中当属上乘。所存木雕天王像刀工娴熟，雕刻精美，为明代佳品。

山西太原双塔

双塔"两峰插天"，为世人瞩目，建成于公元1612年，被誉为"晋阳奇观"。历代的地方志书都把"凌霄双塔"作为古太原城的八景之一，其影响之大甚至使其寺院的本名"永祚寺"也鲜为人知，直到被"双塔寺"所取代。

太原双塔的特异之处更在景色之外，它矗立于出世的佛家与尘世的喧闹间，形成一种独特的存在。事实上，同建于明朝万历年间，高度、外形都极为接近，相距不过50米的双塔，承载着的是完全不同的使

命。创建于先的文峰塔，是"起自堪舆家言"的风水塔，是地方乡绅为弥补该地的地形缺陷，振兴地区文化的一个标志性、欣赏性建筑。它的造型虽然取材于佛教的浮图，但是与佛门没有丝毫关系；而继建于后的"舍利塔"——宣文佛塔则是佛门的圣物，是供奉佛舍利、藏佛经，受佛门弟子瞻仰、顶礼膜拜的宗教建筑。

近在咫尺，本质却相去甚远，两种截然不同的文化却又并存不悖，这与建城2 000多年来，大部分时期处于各民族文化习俗交流前沿的太原城，是如此相似。

山西莺莺塔

　　莺莺塔位于山西省永济市蒲州古城东3千米处峨嵋塬头上的普救寺内。莺莺塔因为元代著名杂剧作家王实甫的《西厢记》描述了张生和崔莺莺的爱情故事而闻名天下。当年，张生赴京赶考，途中遇雨，到普救寺游玩。碰巧，在寺内看见了扶送父亲灵枢回乡时滞留在寺内的崔莺莺。两人一见钟情。张生当年的读书处西轩，就在大雄宝殿的西侧。莺莺和她的母亲及侍女红娘居住的梨花深院，就在大雄宝殿的东侧。在这里有张生越墙会莺莺的跳墙处，也有张生上墙踩踏过的杏树。现在沿当年张生游历过的小径重建了梨花深院、后花园、跳

垣处等，并塑造了一组佛像和《西厢记》人物蜡像，依照《西厢记》剧情再现了惊艳、借厢、闹斋、请寓、赖婚、听琴、逾垣、拷红等一幕幕戏剧场景。

莺莺塔雄峙于普救寺西侧，古朴端庄，高大伟岸。在明嘉靖三十四年（1555）的那次地震中被毁掉了，现今我们看到的莺莺塔，是公元1563年重修的。塔内外呈四方形，塔檐呈微凹的曲线形式，这些都说明莺莺塔保留了某些唐塔的特征。

回廊围绕着的莺莺塔，是用砖砌筑的。全塔十三层，高36.76米。七层以上突然收缩，使整个塔显得更为灵巧。塔内各层之间有甬道相通，一般人可上至九层。但六、七层不能直接相通，必须从六层下到五层后才能上得去。更为引人注目的是，莺莺塔具有奇特的回声效应。在塔的附近以石相击，人们在一定位置便可听到"咯哇、咯哇"的回声，类似青蛙鸣叫。传为匠师筑塔时安放金蛤蟆在内，实则塔身中空所致。莺莺塔回廊西侧外有一个击蛙台，这是击石的最佳位置；台下不远的山坡上有一座小亭，名叫"蛙鸣亭"，这里是听类似青蛙鸣叫回音的最好去处。莺莺塔还具有收音机、窃听器和扩音器的效能。在

莺莺塔下，人们可以听到从塔内传来的2.5千米外蒲州镇上的唱戏声、锣鼓声，附近村镇上的汽车声、拖拉机声，人们在家里的说话声、嬉笑声，以及鸡鸣狗叫声。另外，塔下的鸟叫声，通过莺莺塔的"扩音"之后，声音变大，可以传播到很远的地方。

其回声机制的形成主要有三个原因：1.塔内是中空的，站在塔的中层听上面的人说话，由于声学反射效应，声音就好像是从下面传来的。2.塔檐上的复杂结构有反射作用。3.墙壁反射。而天坛回音壁主

要是通过墙壁反射。所以在塔的四周击石拍手，均能听到清晰的蛙音回声；随着位置的变换，这蛙音回声也可以发生从空中或地面传来的变化。《方志》中称之"普救蟾声"，为古时永济八景之一。

由于《西厢记》的问世，使得这个"普天下佛寺无过"的普救寺名声大噪，寺内的舍利塔也被更名为"莺莺塔"而闻名遐迩。而美丽动人的爱情故事，千百年来一直撼动着人们的心灵，使它成为蜚声卓誉的游览胜地，并成为我国古代四大回音建筑（北京天坛回音壁、四川潼南石琴和河南三门峡市蛤蟆塔）之一。

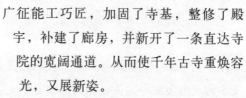

山西龙兴塔

龙兴塔位于新绛县城北街顶端的高崖上。当你从县城南关下车，涉过那座人工搭成的小浮桥，或者坐车从浮桥上游的汾河大桥通过，一踏上热闹非凡的新绛县城的街头，纵目远眺，首先映入眼帘的，便是耸立在巍巍高垣上的龙兴古寺。

据记载，该寺始建于唐。因其中供有碧落天尊像，故名"碧落观"。唐高宗咸亨元年（670），改称"龙兴寺"。当时，寺院建筑十分雄伟，规模也相当宏大。至唐会昌五年（845），由于武宗李炎大兴灭法运动，拆寺毁佛之风盛行，寺内的建筑毁之殆尽，唯有龙兴塔得以幸存。宋代时，太祖赵匡胤曾寓居于此，所以改寺为宫。后因僧人占据，才又恢复了龙兴寺之名。该寺基址兀耸，居高临下，颇有气势。原存建筑主要有大雄宝殿和高塔等。80年代末至90年代初，在山西省文物局的支持下，新绛县委县政府又广泛集资，组织义务劳动，广征能工巧匠，加固了寺基，整修了殿宇，补建了廊房，并新开了一条直达寺院的宽阔通道。从而使千年古寺重焕容光，又展新姿。

龙兴塔始建于唐代，塔分八面，共十三层，高达42.4米，全部是用磨光的青砖砌制而成的。塔身各檐下的椽、柱以及斗拱都是仿木结构，做工极其精细。在新绛县政府的整修和加固下，这座千年古塔也重新恢复了生机。

山西五台山显通寺塔

　　显通寺塔位于山西省五台县台怀镇北侧显通寺大殿前。显通寺是五台山佛寺的元老，传说筑于东汉，北魏扩建，寺内现存的建筑群多为明代作品。显通寺塔铸于明代，原有五座，象征着五个台顶，人们至此朝拜，犹如登上了五台山。现只存两座完好无损。

　　据考证，大殿西边的铜塔是明代四川重庆府的陈挺杰等人在云南捐资，于万历二十四年（1596）七月初九铸成，取名"多宝如意宝塔"。东边的铜塔是显通寺僧人胜洪等出钱，于万历三十八年（1610）铸成，取名"南无阿弥陀佛无量宝塔"。双塔，均高8米，须弥座塔基。塔基上铸有精致的小殿、佛像，塔身内置佛像，外刻经文，中有四大金刚托塔像。西塔下层西南角有如拇指大小的铜庙，内坐小指大小的土地像。相传康熙见其特别小而感叹道："好大的土地！"谁知话音刚落，土地连忙叩头，感谢皇上的赐封，从此便以"山西大土地自居"了。两座铜塔造型特异，是由楼阁、亭阁、覆钵三种形式组合而成，亭亭玉立，玲珑精美，为明代铜铸艺术中的佳品。

宁夏银川一百零八塔

一百零八塔位于宁夏青铜峡市南20余千米处黄河西岸的峡口山东坡上，是由一百零八座覆钵塔组成的大型塔群。塔群依山势自上而下，按一、三、三、五、五、七、九、十一、十三、十五、十七、十九的奇数排成12行，总计108座，形成总体呈三角形的巨大塔群，因塔的数量而得名。此塔群属于喇嘛式实心砖塔，塔体外表涂有一层白灰。从第二行往下，塔身下部均有一个单层八角形须弥座。塔顶一般为宝珠式，塔的高度，除第一层较大，高3.5米外，其余的大约在2.5米左右。塔体形制，大致可分为四种类型；第一行一座，形制较大，塔基呈方形，塔身为覆钵式，面东开有龛门；二至四行，为八角形鼓腹尖锥状；第五至六行，塔身呈葫芦状；七至十二行，塔身为宝瓶状。一百零八，一向为佛家惯用的数字。佛教认为，人生的烦恼有一百零八种，为清除这些烦恼，规定贯珠一百零八颗，念佛一百零八遍，晓钟一百零八声等等。在我国的古塔建筑中，如此众多的塔体组合成群，不仅在宁夏，在全国也是罕见的。

海宝塔

　　海宝塔，俗称"北塔"位于宁夏回族自治区银川市北郊海宝塔寺内。明、清《方志》说它是"盖汉、晋间物"十六国夏国赫连勃勃重修。康熙、乾隆年间，因地震破坏，都重修过。

　　海宝塔属于仿楼阁式砖塔，连同塔基共十一层。塔的四角和出轩部分的顶角向上延伸成十二条棱线，束向塔顶的方形刹座；刹座上是一个用绿色琉璃砖砌成的形体庞大的桃形四角攒尖刹顶，虽无相轮、华盖、宝珠之类的装饰，却甚为壮观，此种造型的佛塔，实属罕见。

　　海宝塔始建年代不详。明、清两代志书言其"盖汉、晋间物"。海宝塔自

建筑科普馆

古以来是宁夏有名的佛都寺院，每逢农历初一和十五，各地善男信女络绎不绝地来寺烧香拜佛，这时不仅能观赏凤凰城的名胜古迹，领略民族风情，还能品尝塞上的瓜果和银川的风味小吃，别有一番情趣。塔的平面呈方形，外形棱角分明，层次丰富，

为我国佛塔中所仅见。海宝塔挺拔俊俏，明、清时期，被列为宁夏八景之一，称"古塔凌霄"。登上塔顶，极目远眺，塞上江南美景尽收眼底。

小故事

当地民间传说，以前银川北面有一个臭气冲天的烂碱湖，里面住着一条独眼龙。它闭眼打盹儿的时候，人们还能过一点安宁日子，等它一打呵欠伸懒腰时，就会臭水翻滚，雷声阵阵，逼得人们四处逃荒。有一年，这条恶龙又伸懒腰打呵欠，还翻开了身子。正当大难快要降临时，突然一道红光闪过，待红光散尽后，人们发现一座宝塔压在了恶龙的眼上——这就是海宝塔。此后，恶龙再也没有折腾过。

银川承天寺塔

　　承天寺塔位于银川市西南角的承天寺内，俗称"西塔"。始建于西夏毅宗天祐垂圣元年（1050）。它与凉州（武威）的护国寺、甘州（张掖）的卧佛寺，同是西夏著名的佛教寺院，反映了西夏民族对佛教的信仰。

　　明代初年，承天寺已毁，只剩"孤塔一座"。乾隆三年（1738）的强烈地震使塔身受到严重损坏。现在的塔是清嘉庆二十五年（1820）重建的。

　　承天寺塔虽非原建，但仍保留了西夏原塔的基本造型。塔总高64.5米，是砖砌的11层楼阁式塔。平面为正八边形，楼梯设于塔中心。内部是"一"字通道式空间，每层交错变化，奇数层为东西向，偶数层为南北向，顶层为"十"字形空间。塔的外形简洁明快，没有辽、宋古塔复杂华丽的砖雕斗拱和佛像雕饰。

银川拜寺口双塔

拜寺口是贺兰山山口之一，位于银川市西北45千米处，在贺兰县金山乡境内。

两塔东西并列，相距约100米。它们有很多相同之处，如都是高40多米的砖砌八角十三层密檐式塔，都具有平地直起、不设基座、厚壁空心、第一层很高的特点；第二层以上每层、每面都有彩绘雕塑。然而在外形风格及细小部位的处理上，却颇有差异，各具千秋。

东塔从底层到顶层收分不大，塔身外观呈直线锥体，显得挺拔有力。每层、每面叠涩砖腰檐下，左右并列两个鼓目圆睁、獠牙外露的砖雕兽面，兽面口含呈八字下垂的彩绘红色连珠。两个兽面之间，是彩绘云托日月图案，圆形的太阳已变为黑色，仰月和云朵用流畅的红线勾勒。

西塔较东塔粗壮高大，塔身上部数层收分较大，使塔的外形轮廓柔和圆润，俊俏秀美。每层、每面叠涩砖腰檐下，都有砖雕佛像及装饰图案，比东塔更为华丽。上施白灰的每层壁面，其两边仍是砖雕兽面，兽面口含连珠流苏7串，呈八字形下垂，布满壁面。兽面中间，是竖置的长方形浅龛，中塑佛像。第六层以下，是身着法袍的罗汉，有颧骨高突、挂杖倚立的老者；有眉目清秀、神情潇洒的壮士。第七层以上，是护法神像，光袒上身，项挂缨珞，下着短裙，肚脐外露；有的叉腿站立，有的屈腿跳动，飘带环身，姿态健美。这些造像大部分保存完好，是十分珍贵的艺术品。塔顶为八角形刹座，转角处饰以砖雕力神，裸体挺腹，背负刹座，似用力状，栩栩如生。

甘肃敦煌白马塔

　　白马塔位于敦煌市古城南部，党河乡红星村内，建于公元386年，相传是纪念北凉时高僧鸠摩罗什东传佛教，路经敦煌城时死去的白马而修建的。白马塔为九层，高12米，直径约为7米，建筑结构为土坯垒砌，中为立柱，外面涂以草泥、石灰。最底层呈八角形，用条砖包砌，每角面宽3米；第二至四层为火折角重叠形；第五层下有突出的乳钉，环绕一周。上为仰莲花瓣；第六层为覆钵形塔身；第七层为相轮形，第八层为六角形的坡刹盘，每角挂风铎一只。第九层为连珠式塔尖。在第二层上有镌石两块、镌木一块。石上刻"道光乙巳桐月白文采等重修"字样；木上写"民国二十三年八月拔贡朱文镇、吕钟等修"字样。这足以证明此塔已经多次修葺。现存的白塔具有明代喇嘛塔的风格。据记载，白马塔于1930年还出土过一座0.9米的黑石造像塔，上刻《金刚经》，但不久便遗失了。如今，白马塔四周绿野碧树、青瓦幽舍，微风吹来，铎铃声声，实为敦煌又一佳景。

西安大雁塔

大雁塔位于陕西省西安市南郊大慈恩寺内，故又名"慈恩寺塔"，是全国著名的古代建筑，被视为古都西安的象征。

大雁塔建于唐高宗永徽三年（652），用于存放高僧玄奘从印度带回的佛像和佛经。大雁塔初建时只有五层，改建时添为十层，现存七层，高64米。从第一层往上逐层内收，形如方锥体，非常稳固。塔内设木梯楼板，可以逐层上

登，远眺四方。大雁塔造型简洁，气势雄伟，具有明显的时代风格，既是寺庙建筑艺术的杰作，也是研究我国古代建筑的珍贵实物。

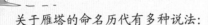

关于雁塔的命名历代有多种说法：

一是源于玄奘西域取经的故事：玄奘当年去西土取经，在西域葫芦滩上迷了路，走了四五天也没找着路。危急之中，他双手合十，开始念经祈祷，刚念三遍，空中传来雁声，飞来一大一小两只斑头大雁，将他带出了葫芦滩。后来玄奘为报答那两只大雁，倡议修建了大小两座雁塔。

二是源于佛祖修行的故事：佛祖释迦牟尼当年修行时，在一座古庙中被洪水所困，断炊十日。洪水退后，空中飞来一群大雁，佛祖心想："如果天上的大雁能自己掉下来就好了。"这时空中果然落下几只大雁。佛祖转念一想："平白无故好端端地大雁怎么会自己掉下来呢？一定是来试探自己。"于是佛祖便隆重地埋葬了大雁，并在埋葬大雁的地方修了一座塔，称为"雁塔"。各地的雁塔都是为纪念佛祖修行中"十日断粮，不动邪念"的诚心而建的。

西安小雁塔

小雁塔，又名"荐福寺塔"，位于陕西省西安市南门外友谊西路南侧的荐福寺北端。建于唐中宗景龙元年（707），是为保存佛教大师义净从印度带回的佛经、佛像而建。

小雁塔与大雁塔相距3千米，东西相对，如同昆仲，和大雁塔一样有名，也是西安的重要标志。因比大雁塔矮小，建造时间也较晚，故称"小雁塔"。虽历经沧桑，但它仍保存着唐塔的原貌。从古建筑的角度看，它比大雁塔更具研究价值。

小雁塔为密檐式方形砖塔，初建成时为十五级，高约46米。后因多次地震，塔顶坍塌，塔身毁损，现存十三级，高约43.3米。塔下为方形基座，塔身第一层特别高大，边长为11.83米。每层南北辟门，门框均以青石砌成，门楣上用线刻法，刻出供养天人图和蔓草花纹图案。刻工精细，线条流畅，反映了初唐时期的艺术风格。底层壁面简洁，末置倚柱、阑额、斗拱等。第一层塔身上的各层檐子之间距离甚小，仅南北辟小窗，供采光通风。所出密檐均以叠涩方法挑出，

下面出菱角牙子，菱角牙子上叠出层层略微加大的挑砖十五层，使塔檐呈现向内曲的弧线。这是唐代密檐塔的特点。塔的外形逐层收缩，五层以下收缩极为微小，自六层以上，塔身外形急剧收缩，使塔的上部呈现自然圆和流畅的外轮廓线。塔身内部为空筒式结构，塔室呈方形，设木楼层，有木梯盘旋而上。但塔内空间甚小，光线差，不便向外眺望。

小雁塔的造型和结构都堪称早期密檐塔的代表作品。整座塔玲珑秀气，别具风采。它经受住了地震和战争对它的破坏，虽已破裂，但幸免坍塌。为拯救历史文物，国家拨款维修，1965年修缮告竣，并在塔内实施了结构加固措施，即在二、五、七、九、十一层各暗置一圈钢箍，在塔顶增加了防水设施，并安装了避雷针，但没恢复到早期15层的原貌，也许这样更显其历史的悠久。现已设立了专门的管理机构和文物陈列室，成为人们乐于游览观光的好去处。该塔已于1961年被列为全国文物保护单位。

陕西香积寺善导塔

　　香积寺善导塔位于陕西省西安市长安县**滈潏**两河交汇处的香积村香积寺内。香积寺为唐代著名的古刹，始建于唐中宗李显神龙二年（706），是佛教净土宗的门徒为纪念第二代祖师善导而修建的。寺名的来历众说纷纭。香积寺依山傍水，昔日殿宇峥嵘，古塔高耸，香烟缭绕，古木参天。唐代诗人王维曾写《过香积寺》赞道："不知香积寺，数里入云峰。古木无人径，深山何处钟。泉声咽危石，日色冷青松，薄暮空潭曲，安禅制毒龙。"

　　善导塔，平面呈方形，底层边长9.5米，顶层不足4米，外轮廓呈方尖锥体，是唐塔中罕见的方塔。塔为仿木结构密檐式，砖砌十三层，已残裂，现存十一层，通高33米。底层较高，以上各层骤变低矮，但密檐之间的距离比一般密檐塔大，边宽也由下至上递减，每层各面都有四根砖砌凸起的方形倚柱，将每面划分为三间，中间为券门，两侧为假窗，底层东、西、北三面各有券形龛一个，南面辟门，塔身用赤色描绘柱枋、斗拱和窗棂的结构。塔门上题有"涅槃盛事"字样，于清乾隆年间重修寺庙时刻。塔内空到底，室为方形，每层用木楼板隔开。1979～1980年，对善导塔基台座、塔身、塔檐加固维修，并增设塔内楼梯，沿梯而上，可登塔顶，从每层每面的一孔券门窗向外眺望，颇有观临之乐、之情、之趣。近看平畴万顷，良田阡陌；远望终南山奇峰巨石，缥缈云烟，着实壮人胸怀。

小故事

　　善导（613～680），也称"光明和尚"，自幼出家，是佛教净土宗创始人之一。他在光明寺期间，大力宣传净土信仰。相传曾著有《弥陀经》十万卷，画净土变相三百壁，很受长安僧俗的尊崇，信徒甚多，圆寂后，门徒为他建塔以示纪念。净土宗教义于公元8世纪传入日本后产生了很大影响，他们尊崇善导为高祖。中日邦交正常化后，日本各界友好人士和净土宗教信徒不断前来善导塔朝拜。1980年5月14日，在善导大师圆寂1 300周年之际，中日两国佛教界人士在香积寺举行法会活动，以纪念善导大师，从而进一步增进了两国人民的友好往来。

陕西玄奘墓塔

　　玄奘墓塔，又称"玄奘舍利塔"，位于陕西省长安县少陵原畔的兴教寺内。周围青山连绵，林木葱郁，景色幽雅。玄奘高僧是我国唐朝佛教法相宗的创始人。他于公元629年从长安出发，途经我国甘肃、新疆，取道碎叶，经阿富汗、巴基斯坦、尼泊尔、孟加拉国，遍游南印度，跋涉千山万水，历尽千辛万苦，克服重重险阻，于唐贞观十九年（645）取回657部佛经回到长安，受到人们的热烈欢迎和唐太宗的敬重。回国后，他以弘福寺、大慈恩寺、玉华寺为译场，同数百名学者和僧人一起虔心从事佛经翻译工作，历时19年，译出经典74部，成为我国第一个从事佛经翻译的人。这些佛经对促进后来中印文化的交流起了或将起着重要的作用。唐高宗麟德元年（664），玄奘圆寂于陕西省君县玉华寺。唐高宗遵照玄奘"择山涧僻处安置，勿近宫寺"的遗言，将其火化后的遗骨葬于西安东郊浐水东岸的白鹿原上。后迁葬于兴教寺，并修建墓塔，以资纪念。唐太宗大和二年（828）对墓塔大规模重修，即为今塔。

　　玄奘的舍利塔平面呈方形，砖砌仿木结构楼阁式五层，通高21米。第一层边长5.2米，以上各层逐渐内收，下大上小，十分稳固。塔身下为低矮的台基。第

一层塔身南面辟砖砌拱门，内为方室供玄奘台像。底层南面刻唐文宗开成四年（830）篆刻的《大遍觉法师塔铭》。细述了玄奘的生平事迹。以上各层均为实心，不能登临。塔外每层每面用四根八角形倚柱分成三间。檐下用砖隐砌出最简洁的斗拱，在其他建筑物上是少见的。塔檐采用叠涩砖挑出和收进的做法。第一、三层砖用菱角牙子挑出，三层以上到十一层砖均逐层挑出，然后又逐层收进。挑出的檐砖逐层加大，使叠涩呈现出向内曲的弧形曲线。这是唐代叠涩塔檐的艺

术特点。每层挑出较大的叠涩出檐，砖层较多，更显楼阁式塔的意味。塔顶置巨大的方形塔刹，刹座为四瓣仰莲，上面承托覆钵、莲瓣、宝瓶和宝珠等。

　　玄奘塔为纪念性墓塔，因埋葬玄奘遗骨而建，虽不是很高，但庄严壮观，驰名中外，在建筑艺术上，是我国现存仿木构楼阁式砖塔的典型代表。该塔已于1961年被列为全国文物保护单位。

陕西延安宝塔

　　延安宝塔位于陕西省延安市东侧延河岸边嘉岭山的土山上。前临延河，气势雄伟。因塔建于山顶，土山也称"宝塔山"，塔也就称为"宝塔"。塔建于明万历三十六年（1608），清代曾多次修葺，所以现在塔的外檐全为清塔风格。塔地处东山战略要地，周围无庙，可用于军事防御。

　　塔为平面八角，九层砖砌，通高44米，楼阁式。第一层塔身特别高，开有南、北两门，门额刻有"俯视红尘"和"高超碧落"的题字，以描述此塔的雄姿。塔身顶部以砖砌叠涩挑出短檐。从第二层往上，每层塔身各面交错分布有通光的券形窗孔，但窗孔不统一，不规则。塔顶为八角攒尖式，塔刹已毁。塔内有盘升蹬道，可登塔俯瞰全城美景。塔旁有一口明崇祯元年（1628）铸造的铜钟，高1.5米，直径为1.06米，上部有佛教莲花纹饰，下部有道教的八卦纹饰，当时是用来报时、报警的。

　　延安是中国革命的圣地。1937～1947年，中共中央就设在这里，领导全国人民进行抗日战争和解放战争。延安宝塔也就成为了革命圣地的象征。

陕西法门寺塔

　　法门寺塔位于陕西省扶风县城北10千米的崇正镇。法门寺历史悠久，是隋唐佛教四大圣地之一，始建于东汉，初名"阿育王寺"。阿育王是古天竺的国王，笃信佛法，在世界各地建立了84 000座塔，而扶风法门寺塔则是其中之一。因塔而修寺，寺和塔屡经兴废，多次重修，至公元625年始称"法门寺"，塔也随之称为"法门寺塔"。

　　法门寺是我国境内珍藏释迦牟尼真身舍利的十九座寺庙之一，佛骨藏于塔下地宫。唐代帝王崇尚佛祖，曾先后七次举行迎送佛骨法会，将藏于塔下地宫的佛骨迎入宫中供世人瞻仰，然后送回地宫封供。据记载，法门寺塔原为四层木塔，下有地宫，除藏有佛骨之外，还有唐皇室供奉的大量金银珠宝、法器、锦

缎衣饰等。公元1569年，关中大地震，法门寺塔被震塌，明万历七年（1579），神宗赐银数万两建塔，历时30年建成。新建的塔为砖砌楼阁式，平面八角十三层，高60余米。第一层塔身八面，南面塔门，上有"真身宝塔"四字石匾。东为"浮图耀日"，北为"美阳重镇"，西为"舍利飞霞"。其余四面为八卦，以记方位。塔身的第一层檐下，用砖刻制出垂爪柱、帐幔和斗拱、橡子等构件。从第二到第八层，檐下均刻出额枋、斗拱，以叠涩出檐。八层以上各层仅作叠涩

出檐，而无斗拱和其他构件，可能是后代重修过的。第十三层已残毁，做成了八角形圆盖。塔刹为铜覆钵、宝珠。塔的第二层至第十二层共有佛像龛88个，每龛置铜佛或菩萨造像1～3尊，共计104尊，大者形同真人，小者只高0.2米左右。塔上的造像庄重肃穆，铸造技术精湛。这些造像组成了一座佛教艺术的珍贵宝库。

山东济宁铁塔

济宁铁塔，又称"崇觉寺铁塔"，位于山东省济宁市崇觉寺内。铁塔建于北宋崇宁四年（1105），七层。明万历九年（1581）重修，并增筑两层，塔身下部为砖砌八角形基座，通高23.8米，铁塔本身的高度仅有10余米。该塔为我国现存宋代铁塔中最高的一座。基座南面开门，室内砌八角形藻井顶，置有宋代千手佛石像和清光绪七年（1881）的塔铭。塔身八角形，铁壳砖心，每层均设塔檐和平座、构栏。平座、塔檐均由斗拱承托，每层四面开长方形门，全塔共开门36扇；另四面设佛龛，共铸盘膝端坐佛像56尊，形象生动。在第一、二层塔身有"大宋崇宁乙酉（1105）常氏还夫徐永安愿"、"皇帝万岁"和"众臣千秋"等题记。现仅塔顶层八角尚存风铎，其余各层均已散失。塔顶是铜质鎏金宝瓶塔刹。

明代增建时，发现瓷函、木匣，内应置舍利，但却以水晶、珍珠等代替。1973年维修时，又在塔座上一层塔身下发现套合石棺、木匣银棺，内置身骨舍利。此塔为舍利塔，其与湖北省当阳玉泉寺铁塔、山东聊城铁塔合称为我国三大铁塔。为全国重点文物保护单位。

山东长清灵岩寺塔

　　灵岩寺塔位于山东省长清县万德镇，建于唐贞观年间，由名僧慧崇等初建，到北宋嘉祐六年（1061）扩大建置范围。寺内的主要大殿为千佛殿，殿前有八根大石柱，上施庑殿顶，雕刻十分精美，为宋代建造。千佛殿右侧偏北有一座塔，即灵岩寺塔，平面八角形，高九层，通高52.4米，墙围为48米，各层均出单檐，下部三层，各做平座，显示出楼阁的样式。

　　第一层在檐下砌出阑额、普拍枋，出双抄斗拱，承担檐子，第二层、第三层和第一层均做出平座，平座同样做双抄斗拱。三层以上仅做檐层斗拱，而没有平座。塔顶做砖刹，各层在四面做券门。这个塔从外轮廓看没有曲线，从上到下都是直线。因此，它表现的艺术性还不够，平直的外观有些呆板，为宋代所建。

山东四门塔

　　山东四门塔，坐落在山东历城县柳埠村青龙山麓的原神通寺旧址上，是亭阁式塔中最具有典型意义的塔，建于隋大业七年（611）。塔平面呈方形，由于其四面各辟一门，故称之为"四门"。石塔全部由大块平直方整、无任何装饰的条石筑成，给人以坚固、朴实之感。塔身每面辟一拱券门。塔檐处理简洁，只用了五层条石向外叠涩伸出，然后再用近三十层的条石，逐层向内收缩，形成了一个四角攒尖形塔顶。塔顶表面弧线曲折成度，升降有序。全塔上下没有多余的装饰，质朴简洁。塔室中央立一巨大的方形塔心石柱，柱身四壁各有石佛造像一尊，佛皆螺发高髻，结跏趺坐，面如沉水，衣纹流畅。四尊佛像不是同一时期的作品，也不是原塔中的造像。从四门塔的整体形象来看，塔身是一个匀称稳定的正方体。塔檐的大小、塔顶的坡度以及塔刹的形状，与方形的塔体之间比例协调，轮廓线条笔直坚挺，苍劲有力。四门塔尽管采用了小巧玲珑的亭阁建筑形式，但经过古代工匠的精心设计，仍然显示了佛塔的端庄和尊严，令人肃然起敬。

河南登封嵩岳寺塔

　　嵩岳寺塔位于河南省登封县城西北6千米处太室山南麓的嵩岳寺内。嵩岳寺原名"闲居寺"，早先是北魏皇室的一座离宫，后改建为佛寺。此寺的建造年代在北魏永平元年至正光元年间（508～520），至少已有1 450多年的历史。

　　嵩岳寺塔为单层密檐式砖塔，是此类砖塔的鼻祖。为十二边形，也是全国古塔中的一个孤例。砖塔由基台、塔身、密檐和塔刹几部分构成，高约40米。

　　基台随塔身砌作十二边形，台高0.85米，宽1.6米。塔前砌长方形月台，塔后砌南道，与基台同高。

　　基台以上为塔身，塔身中部砌一周腰檐，把它分为上下两段。下段为素壁，各边长2.81米，四向有门。上部为全塔装饰最多，也是最重要的部位。东、西、南、北四面与腰檐以下通为券门，门额做双伏双券尖拱形，拱尖饰三个莲瓣，券角饰有对称的外券旋纹；拱尖左右的壁面上各嵌入石铭一方。十二转角处，各砌出半隐半露的倚柱，外露部分呈六角形。柱头饰火焰宝珠与覆莲，柱下砌出平台及覆盆式柱础。除壁门的四面外，其余八面倚柱之间各造佛龛一个。呈单层方塔状，略突出于塔壁之

外。龛身正面上部嵌石一块。龛有券门，龛室内平面呈长方形。龛内外，有彩画痕迹。龛下部有基座，正面两个并列的壶门内各雕一蹲狮，全塔共雕16个狮子，有立有卧，正侧各异，身姿雄健。

塔身之上，是十五层叠涩檐，每两檐间相距很近，故称"密檐"。檐间砌矮壁，其上砌出拱形门与棂窗，除几个小门是真的外，绝大多数是雕饰的假门和假窗。

密檐之上，即为塔刹，自上向下由宝珠、七重和轮、宝装莲花式覆钵等组成，高约3.5米。全塔外部，原来都敷以白灰皮。塔室内空，由四面券门可进入。塔室上层以叠涩内檐分为十层，最下一层内壁仍作十二边形，二层以上，则通改为八角形。这种富于创造与变化的做法，表现出我国人民高度的建筑才能。

嵩岳寺塔是我国现存最早的一座多边砖塔，它屹立在太室山之阳，衬以绿树红墙，巍峨壮丽，煞是好看。

河南开封铁塔

在我国河南省开封市内东北角，有一座俊秀挺拔的高塔，它就是驰名中外的佑国寺铁塔。其实，铁塔并非是铁铸的，而是因为塔身镶嵌的琉璃而砖为深褐色，酷似铁色而俗称"铁塔"。铁塔创建于北宋皇佑元年（1049），初名"灵盛塔"，又名"上方寺塔"。明代重修寺院后，始名"佑国寺塔"。

铁塔的前身，是开宝寺福胜寺院内的一座八角十三层木塔。据传为宋初巨匠喻皓所建。他曾通过模型来推敲这项设计，并请当时著名建筑家郭忠恕参与意见。可惜这座从设计到建成历时8年的汴城高塔，在它建成后55年，毁于雷

火。5年后，又由皇帝下诏重建，改木塔为琉璃塔。这就是人们今天所见到的铁塔。它的平面形式、层数与木塔完全一样。铁塔现高54.66米，比文献中记载的木塔高度要矮去1/2还多。

铁塔的外观完全是仿木构塔的形式。它的各种不同尺寸的柱、橼、额枋和不同组合的斗拱、平座，只用了28种型砖。这不能不说是我国古代预制装配式建筑技术高度成就的体现。琉璃面砖上的花饰图案，也有着极高的艺术价值。有人统计全塔上下不同形式的图案有50种之多，其中有飞天、狮子和花卉等等。

开封铁塔，无论在技术还是艺术上，都不愧为我国古代高层砖石建筑的光辉杰作。

小故事

传说铁塔下原为大海眼，每年夏季则出水汹涌，方圆数十里顿成汪洋，百姓决定建塔镇住海眼。有个木匠老头分工劈柴，他把十三个树根堆起来，雕成一座八角十三层的小木塔后，悄然离去。这时大家才知道他是鲁班祖师，便照木塔的样子开始造铁塔。塔太高了，造了一半，架子搭不上去了。这时，又发现鲁班留下的小木塔的第一层是被土围起来的，大受启发，认为是鲁班在暗示大家用土围墙，于是他们便一层一层往上修塔，随即竣工。

河南齐云塔

　　齐云塔，又名"释迦舍利塔"，为中国第一古塔。创建于东汉永平己巳年（69）。据《释源大白马寺齐云塔灵异记》记载，己巳年二月八日，汉明帝刘庄驾临白马寺，会见腾、兰二位印度高僧。当时摄摩腾问："寺之东南是何馆室？"帝曰："很早以前，那里忽然涌起一个土埠，高丈余，人们把它铲平，接而复出。其上时放光明，百姓皆以为奇，故称'圣冢'，自周代以来，经常祭祀，祈求灵验，然情由未知。"摄摩腾道："《全藏》有云：'如来灭度百年之后，有阿恕伽王，安放佛舍利于天下，共有八万四千处'，东土中国有十九处，陛下所言'圣冢'，即十九处中之一处。"由此，帝便下诏，于"圣冢"之上，依二高僧所传印度佛塔样式，建佛塔九层，高166米余，岌若岳峙，号曰"齐云"。齐云塔初建为木塔，后毁于雷火。现存的齐云塔，高35米，共十三层，为金大定十五年（1175）重修，故又称"金方塔"，距今已有800多年的历史。

　　齐云塔另有一奇，当你站在齐云塔南面，大约20米处用力击掌，便可听到从塔身处发出"哇哇"的叫声，和青蛙的叫声十分相似。这也和齐云塔独特的造型有关，是一种声学的物理现象，因塔面上凸凹不平，故使回声不齐所致。

　　齐云塔院坐北朝南，占地面积40余亩。自1989年以来，在市宗教局领导下，白马寺已故方丈海法法师集资百万，修建齐云塔，建有禅堂、教室、观堂、僧房等三十余间及山门、碑廊，成为河南第一座比丘尼道场。现有尼众三十余人在此修学佛法。

河南洛阳文峰塔

古塔这一建筑形式源于印度，是佛教文化兴盛的产物。在近2 000年的漫长岁月里，佛塔的建筑形式引发了古人的丰富想象力，一座座与佛教思想文化毫不相关的古塔也拔地而起，文峰塔就是其中之一。

文峰塔位于今洛阳市老城东南隅东和巷东端。始建于宋代，

明末毁于战火，清初重建。明、清时附近还有一湖泊和一庙宇（现已废毁），塔、湖、庙交相辉映，形成了当时河南府城内一处著名的人文景观。

洛阳文峰塔是一座密檐式砖石塔，为四方形，高约30米，由塔基、塔身、塔刹三部分组成。基座用方形青石砌成，每边长6.8米，高3.3米，塔基和塔身之间嵌有铸铁，以保持整座塔的牢固性。塔身九层，通体用青砖砌成，从第一层至第九层逐层收缩，顶层每边长3米。一至八层向北各开一弧形拱门，可向外望，门上皆有题额；第九层则四面各开一弧形拱门。塔刹已被毁。一层拱门两侧原有对联一副，其中半副字迹可辨：楼九尽云通天尺。

文峰塔总结了唐、宋以来各种砖塔结构形式的优点。塔身外壁用砖砌筑，塔的中央又砌筑一个砖塔心；每层之间建有木质楼板和木质楼梯，可盘旋而上，后楼板、木梯毁于战火。为什么叫"文峰塔"？原来在塔内第一层供有文昌，第二层供有魁星。文昌，又称"文昌帝君"、"文曲星"，中国神话中主宰功名、禄位之神，旧时多为读书人所崇祀。魁星，即"奎星"，原是中国

古代天文学中"二十八宿"之一，后被称为主宰文章兴衰之神，有"魁星点状元"之说。古人建造此塔有祈福赐恩、益国安民、企盼洛阳文化繁荣、多出人才之意。

文峰塔是洛阳地区现存为数不多的古塔之一，为市级文物保护单位。旧时人们登临塔顶，除有"危楼高百尺，上可摘星辰，不敢高声语，恐惊天上人"的慨叹外，更多地是为纵目河洛大地的壮丽景色。为保护古塔，今塔门已封。

小故事

古塔的种类是多种多样的，但它们的基本构造大体相同，一般由地宫、基座、塔身、塔刹四个部分构成。佛教舍利塔一般都建有地宫，以便埋藏舍利和供奉物品；塔基是塔的基础，塔身是塔的主体部分，塔的种类也是通过塔身的形制来区别划分的。塔身有空心和实心两种，塔身的层数多为单数；塔刹是塔身顶部的相轮等饰物，"刹"是梵文的音译。古塔所使用的建筑材料大体可分为木、砖石、金属、琉璃等几种。

河南睢县圣寿寺塔

在"中原水城"睢县，有一座千年古塔—圣寿寺塔。该塔建于宋朝，距今已有1 000多年的历史。远远望去，圣寿寺塔虽历经风雨的侵蚀，但它依旧高昂挺拔，巍然屹立，迎送着每一位来访者。

圣寿寺塔位于睢县西南22.5千米的后台乡阎庄村的宋代圣寿寺遗址上。该塔古色古香，为六角九级密檐式砖塔，高22米。除第一层檐置一斗三升斗拱外，其余各层皆为叠涩塔檐。第一层塔身南面辟半圆拱门，入门为六角形塔心室。第二层以上为实心，第六层、第八层南面有圭形门。塔身外壁一至四层嵌砌砖雕佛像，数量多少不等。塔顶是由覆钵、宝珠、宝瓶组成的塔刹。除塔之外，圣寿寺遗址上松柏叠翠、古树参天，周边桃红柳绿，四季景色宜人。

关于圣寿寺和圣寿寺塔，当地还流传着一段古老的传说。相传，大宋时期阎庄村来了一位法号为慧普的和尚，他慈眉善目且精于医道，并热心为当地百姓治病疗伤，受到百姓的敬重。大约过了两年，忽然村里来了一队兵马，说是奉旨来请慧普和尚回开封的一座大寺院任住持。原来，慧普和尚曾有恩于皇上，当地百姓极力挽留，而普惠和尚也不愿意回到京城。最后，皇上无奈，就下诏在阎庄村扩建寺院，取名"圣寿寺"，又建起一座高塔，叫"圣寿寺塔"。令人称奇的是，圣寿寺塔外嵌砌有佛像砖，260尊佛像神态各异、栩栩如生，无一雷同，极具历史价值。

圣寿寺塔是商丘市保存完好且为数不多的古塔之一，由于具有很高的研究价值和观赏价值，1963年，圣寿寺塔被确定为省级文物保护单位，2006年又被国务院列为国家重点文物保护单位，大大提高了睢县这座历史文化名城的品位，并成为该县文化旅游业的亮丽一景。

河南开封繁塔

在河南开封的大街小巷，流传着这样一句俗语："铁塔高，铁塔高，铁塔不及繁塔腰。"从这句话中可以想象到繁塔的雄伟。繁塔因位于开封城外东南1.5千米的繁台上而得名。繁塔现为国家重点文物保护单位。

繁塔建于宋太祖开宝七年(974)，原为九层，因其高大雄伟，加上繁台宽阔，所以每到春季，繁台上桃李争春，百花吐艳，绿树繁茂，殿宇峥嵘，人们常在此春游赏花，烧香拜佛，饮酒赋诗，从而形成汴京八景之一的"繁台春色"。

由于人为原因，原为九层的繁塔被封建当权者拦腰截拆铲掉，最后只剩下三层。直至清朝初期，人们才在三层繁塔上部修成一个平台，又在平台上修建了一个七级实心小塔，使繁塔呈三层大塔上面摞小塔的奇特造型，一直留存至今。繁塔下部三层高约25米，是一座六角形的楼阁式佛塔，最底一层每面宽13.1米，从下往上，各层逐级收缩，到第三层呈平顶。平顶上的七级小塔高约

6.5米，约为下部一层的高度。从大塔的底部到小塔的顶部，总高为31.67米。繁塔的内外壁镶嵌着佛像瓷砖。塔表面的每一块砖都是33.3厘米见方，为凹圆形佛龛，龛中有佛像凸起，一砖一佛，佛像

的姿态、衣着、表情各具特色。其中有端坐在单莲座或束腰莲座中的佛像，有手执各种法器的佛像，有骑着青狮的文殊和骑着白象的普贤二位菩萨，还有生着六臂或十二臂的观音菩萨。佛像表情细腻，形象生动逼真。塔基南北均有拱门，皆能出入，但互不相通。从南门进入观之，为六角形塔心室，有木梯可上至三层；从北门进入，沿踏道也可上至三层。欲从第三层登上大塔平台，须出洞门，由外壁踏道盘旋而上，这就是人们所说的"自内而上，自外而旋，登于其巅"的说法。繁塔内各层镶嵌有各类

碑刻200余方，碑刻以宋代为主。其中以宋代书法家赵仁安所写的"三经"最为著名。"三经"分别存于塔内上下两层。南门内第一层东西两壁镶嵌刻经6方。东壁为《金刚经》，西壁为《十善业道经要略》。第三层南洞内东西两壁镶嵌着《圆觉经》。以上皆为楷书，有欧、柳书法之长。"三经"刻石四周均饰有莲瓣开花纹图案，其雕技精妙。塔内琳琅满目的宋代石刻题记，不仅是研究繁塔历史的宝贵资料，也是研究佛学和书法艺术的珍贵资料。

河南三门峡宝轮寺塔

宝轮寺塔位于河南省三门峡市区西部陕州风景区，原为陕州城内宝轮寺的寺塔。始为唐僧道秀所建，金大定十七年（1177）僧人智秀重建，距今已有800余年。寺已毁，唯塔独存。此塔塔门朝南，平面呈正方形，为十三级叠涩密檐式砖塔，塔高26.5米，塔围21.6米，用青灰条砖一顺一丁垒砌而成。塔底有台基和台座。塔的正面刻有"三圣舍利宝塔"的塔铭，塔身自下而上逐层收敛，每层高度均匀递减，外轮廓呈抛物线形，用菱角牙子砖和叠涩砖层砌出塔檐，秀丽俊俏。每层塔身分别辟有半圆形拱券门、佛龛、窗洞，翼角下有风铎（铁铃），风吹铃动，叮当作响。塔内有塔心室和梯道，可以登临远眺，观赏"黄河远上白云间"的壮景。

游人立于塔四周数丈，叩石、击掌，会听到"呱呱呱"的类似蛤蟆的叫声。叩石或击掌越响、越快，这种蛤蟆叫的声音也就越逼真、响亮，所以当地群众俗称其为"蛤蟆塔"。其实，塔内蛙鸣之声出自回声原理。该塔同北京天坛回音壁、山西普救寺的莺莺塔、四川潼南县大佛寺的石琴，同列为我国古代四大回音建筑。现为河南省重点文物保护单位。

登封少林寺塔林

少林寺塔林位于河南省登封县城西北，少林寺的正西500米处，是少林寺历代大师的墓地。凡著名大师、高僧圆寂后，都建立一塔，作为纪念。从唐代德宗贞元七年（791），经过宋、元、明、清各代都在这里建塔，到今天尚存220座，其中多为砖塔而石塔较少。一般都建有一、三、五、七层，高度在15米以下，造型与式样十分丰富。

从塔林可以看出少林寺各时期、寺院经济的盛衰状况以及经律宗派的发展。这一处塔林可供研究唐宋以来佛塔

的建筑式样，从而可知佛教发展史的一个脉络以及少林寺的历史。在许多墓塔中值得一提的有两座，一座是照公和尚塔，建于元至六五年（1339）；另一座是天竺和尚就公塔，建于明嘉靖四十三年（1564）。它们是我国对外关系史上的重要实物资料。

河南登封少林寺塔林是我国最大的一处塔林，式样多种多样，造型有四角、六角、圆柱形、圆锥形、瓶形、抛物线形等，高的达14.5米，低的只有近1米。现存唐至清各代的砖、石基塔220座，其中唐塔2座、宋塔3座、金塔6座、元塔40座，其余为明、清时期的塔，是综合研究古代砖石建筑和雕刻艺术的珍贵资料。

登封法王寺塔

出河南省登封县城（今登封市）北行数里，在嵩山玉柱峰下的半山腰，隐约于松林之间，便可看到一座以方形密檐塔为标志的寺院——这就是有"嵩山第一胜地"之称的法王寺。寺院始建于汉永平十四年（71），仅晚于洛阳白马寺三年，为我国最古老的佛寺之一。

法王寺包括"寺院"、"塔院"两部分。寺院有两进塔院，建筑皆为明、清遗物。山门为三间单檐硬山顶建筑，据明嘉靖十年（1531）《重修法王寺记》中得知其为一座明弘治年间（1488～1505）的建筑，是寺内现存最早的木构建筑。进入山门便见清康熙五十年（1711）重建的大雄宝殿、东西配殿。大殿之后更有地藏殿。

寺院之北的山坡上即为塔院，院内有十五层密檐方塔及3座单层小方墓塔。密檐塔高40余米，塔身砌成平直壁画，塔檐以砖叠涩层层挑出，挑檐之外的轮廓又层层收敛，至上部几层急收向内，最上以短短的塔刹封顶。整个塔的造型挺拔秀美，为现存密檐方塔中的上品。塔下部辟有半圆券门，上部各层塔檐之间也都开有半圆券窗。这门与窗两者既有尺度上对比的效果，又使塔的形象异常生动。

关于塔的建造年代，从形制上来看应为盛唐时期的遗物。另外三座墓塔傍依此塔的东北面，也属唐塔之类。

河南安阳文峰塔

文峰塔，又名"天宁寺塔"，始建于五代后周广顺二年(952)，至今已千年有余。虽历经炮火，至今依然屹立，巍峨壮观。因其上大下小的独特造型，为安阳人津津乐道，常作为向外地人"炫耀"的谈资。

文峰塔高38.65米，周长40米，壁厚2.5米，五层八面。七层莲花座下依平台，上承塔身。塔顶为高10米的塔刹，宽敞的塔顶平台可容纳200余人。这种平台、莲座、辽式塔身、藏式塔刹的形制，世所罕见。再加上塔身下部8根盘龙柱之间极其精美的佛教故事浮雕，无怪乎历代名人贤士登临后都赞叹有加。塔西有湖，一桥居中。临塔观湖，似见虹卧碧水；当桥望塔，影如梦笔生花。若于文峰立交桥向东眺望，或有佛光普照、紫气东来之意。

文峰塔具有上大下小的特点，具有独特的建筑风格。由下往上一层大于一层，逐渐宽敞，是伞状形式，为国内外所罕见。

文峰塔的构造为平面八角形，浮屠五级上有平台，下有券门，每层周围有小圆窗。塔坐落在一个高达2米的砖砌台基上。塔身底层的四个正面有雕塑精致的圆券门，门顶用砖雕刻有二龙戏珠。塔均为砖木结构，以砖砌为主，塔的最下层塔身较高，立于莲花座之上。塔的八面壁上分别饰有直棂窗、园券门和佛画故事砖雕，其刻工细致，形象逼真，造型生动。

河南泗洲塔

泗洲塔，又称"泗水塔"，位于河南省唐河县城东南隅菩提寺旧址内。建于宋绍圣二年（1095），高47.33米。底层坐落在台基上，南面辟一拱形门，第二至十层每层各辟一门。下均置砖雕斗拱，转角处有风铎，檐下为平座，塔内有塔心柱，柱的周围筑盘88旋石阶踏道，人们沿第一层踏首可登临塔顶。每层内外壁都有一、二处碑刻或壁龛，龛内雕刻佛像。塔顶为八角攒尖式。

泗州塔的平面呈八角形，为十一级楼阁式砖塔，高51米，塔基边长7.6米。塔身每层高度自下而上均匀递减，面阔逐层收敛，使塔略呈抛线形，内有上行梯道，除第六级外第二级至第九级各辟有1～3个门，沿阶梯盘旋向上可登临眺望。

根据《走遍南阳》记载，泗州塔在明洪武十年（1377）重建后又经多次修葺。因为保存得比较完好，泗洲塔更显得雄伟庄严。1997年又有青烟从塔上浮出而成为远近奇观。泗州塔已被列为省级重点文物保护单位。

河南崇法寺塔

崇法寺塔位于河南省商丘永城市东关崇法寺内。"宝塔盘云"古为永城八景之一。崇法寺建于唐代，塔建于宋绍圣二年(1095)。今寺已废，存五层砖塔，高34.6米，楼阁式八角形，塔底座边长3米。一至四层嵌有深绿色琉璃雕砖，构图为一佛三菩萨。原塔1938年遭日军炮击，1985年重修。

崇法寺塔塔体为椎柱形，每层檐下均有仰莲相托。仰望塔身，如九朵莲花开放。塔的每层均有东南西北四门。八角皆有石龙头，龙头系铁铃，随风而铿锵齐鸣，悦耳动听。

塔底层有地宫。内有棺床、石匣。塔底北门有青石走道直至塔顶。内壁镶有深绿色琉璃佛像砖651块，构图为一佛两菩萨。崇法寺塔是我国古代砖塔建筑艺术的代表作。

2006年05月25日，崇法寺塔作为宋代古建筑，被国务院批准列入第六批全国重点文物保护单位名单。

天津蓟县观音寺白塔

观音寺白塔，又名渔阳郡塔，是辽代八角空心塔，坐落于天津蓟县城内西南角，是"渔阳八景"中的景观之一。

观音寺白塔的修建时间现已无法考证，修建后曾多次重修。辽代清宁四年，明代嘉靖、隆庆、万历年间，清代乾隆年间都对此塔进行过重修。1976年，唐山大地震时，观音寺白塔受到严重的破坏，塔刹被震落，塔身也出现了多处震裂。1982年，国家对该塔进行抢救性的维修，发现该塔在此之前曾进行过两次包砖大修。1984年，观音寺白塔维修竣工。

观音寺白塔的塔身为白色，塔高20.6米，砖石结构，平面呈八角形。由须弥座、塔身、覆钵以及相轮等几大部分组成。

须弥座的基部为六层花岗石，石上用砖砌小覆盆和数条覆枭混线作为束腰，腰的四周共有砖雕的24个壶门，门的两侧则是礼佛图，内镶舞乐伎砖雕，上置双重栏板，雕刻着几何图形和宝相花卉的图案。塔身为重檐八角形亭式，四个正面各有一个砖雕的假门，门上镶嵌着一对飞天的图案，栩栩如生；四个侧面为方座圆首浮雕碑偈，碑额的正中位置雕刻着佛像，碑身上刻有偈语。塔

身上又起一个八角形的基座，上有覆钵，呈半球状，双层仰莲承托，肩部用减地平级法雕有八组垂鱼花纹，南面开门，通往上层宝塔。再往上便是巨大的十三天相轮和塔刹。

纵观此白塔，其上部为喇嘛搭式，下部为密檐式，造型非常奇特，在我国古塔的形制中实属罕见，是辽塔中的精品之一。因此，该塔被列入市级文物保护单位。

安徽黄金塔

　　黄金塔为阿拉伯风格的堡垒形建筑。因四周涂有一层金粉而得名。之所以叫"黄金塔"，还有一个原因就是这里曾作为贮存黄金的金库。据传，当年哥伦布发现美洲大陆后，西班牙殖民帝国从拉美掠夺了大量黄金、白银，从海上运回来后先暂存在这座塔内，然后再从陆路运往马德里上缴王室。

　　黄金塔坐落在无为县城东北5千米的凤凰山上，为一座仿木楼阁式砖塔，平面呈六边形，面阔3.4米，塔高35米，共九层，层层仿木斗拱，鸳鸯交手，结构牢固，逐层内收，造型挺拔，历经千年，巍然屹立。塔内设折式台阶，可盘旋而上，每层均设有不同方向的塔门，以便人们极目远望。

　　根据文献记载和古建筑学家们的勘察鉴定，黄金塔建于宋咸平元年（998），为安徽省现存年代最早的古塔建筑。北宋早期，无为县境内佛教兴盛，僧侣众多，于是在汰水边（现西河）辟地建寺，称"南汰寺"，后又在寺中建塔，即黄金塔，形成规模宏大的佛教建筑群，但由于时代变迁，战争毁坏，南汰寺与黄金塔也历经动乱，从兴到衰，最后只剩下一座古塔。据文献记载，明、清以来，曾先后于洪武、隆庆、万历、康熙、乾隆年间进行修缮，才使得古塔安然无恙，清末至建国以后，由于年久失修，塔体下层砖石剥落，塔顶损毁开裂，草木丛生，"文革"期间，幸好得到当地群众的保护，才免遭劫难。1981年，省政府公布黄金塔为省级重点文物保护单位，并拨巨款对该塔进行全面的测绘、整修，现今的黄金塔已焕然一新，成为一处重要的文物古迹和旅游景观。

安徽九华山月身宝塔

　　九华山月身宝殿实际上是肉身殿，是一座殿塔，也可叫作"塔殿"。在大明万历年间赐名"护国肉身宝塔"。殿平面五大间、进深五大间，构成方形佛殿。大殿采用方形石柱，石柱上施斗拱，四面有石做的栏杆。上覆重檐歇山式顶。各殿角向上挑出，构成转角檐角反宇向上，殿尖冲天，这是南方古建筑的一大特点。殿顶坡度向上翘起，上下枋之间的距离有1.5米。在上檐也开花格窗，如同两层。因为殿内有木塔，殿内空间特别高，所以从外观上看，这个殿也如同两层的式样。下层门楣横匾书"东南第一山"，上檐匾额书"护国月身宝塔"，华带碑书写"月身宝殿"四个大字。

　　殿内肉身宝塔，平面八角，高七层，达17米，全部用木制，是一座木塔。塔顶与藻井贴近，施用三角形图案。木塔涂饰红色。转角涂饰金色。各层塔檐做木叠涩。塔内每层有八个佛龛，供奉地藏菩萨金色坐像，十分华丽。

湖北武汉黄鹤楼
圣象宝塔

　　圣象宝塔由元代至元三年（1343）威顺王宽彻普化的世子所建，用以供奉舍利和安放佛教法物，是一座大型菩提佛塔，分为地、水、火、风、空五轮，所以又称"五轮塔"。塔原在武汉市蛇山西端的黄鹤楼前，虽然不算高大，但长江来往船只远远就能望见它。又因它形似灯笼所以曾被误冠以"孔明灯"的称号。1955年修武汉长江大桥时，圣象宝塔被迁移到蛇山上。

　　圣象宝塔是典型的元代覆钵式塔，总高9.36米。塔基部分用石砌成，塔室则砖石混用。塔由塔座、塔身、塔刹三部分组成。塔座是须弥座，呈十字折角形，四周分别雕刻精巧的云神、水兽、莲瓣、金刚杵、梵文等装饰。塔身为素洁的覆钵体。塔刹的基座也为须弥座形，刹身相轮十三层，上刻莲瓣承托石刻宝盖，下面刻"八宝"花纹。刹顶为铁制宝瓶。

　　塔室内为中空式，全部密封，没有地宫。塔心内有石幢一个，高1.03米，下为圆座，幢身八角形，顶刻各种莲花装饰，雕刻精巧。塔室内还发现一个铜瓶，瓶底刻有"洪武二十七年岁在甲戌九月乙卯谨志"十六个字。

湖南东塔

东塔，又名"鹿峰塔"、"德星塔"，位于鹿峰山顶。宋治平年间，进士孙颀为桂阳监使时始建，后倾覆。明嘉靖十年（1531）复建，万历元年（1573）竣工。塔为砖石结构，七级八面，高30.18米，第一层直径为11米多，塔身中空，有阶梯可绕行至顶层。每层每面有券门或假券门，层与层之间飞出短檐，转角处嵌有石枋，就像檐的翘角，每一翘角上吊一铜钟，微风吹拂，钟摇铃响，叮

当悦耳。塔顶有铸铁相轮及宝瓶。在湖南省明代砖塔中，东塔别具一格。

东塔现为湖南省省级重点保护文物，并与鹿峰寺、鹿峰晚照、拙翁岩、欧阳海塑像等景点合为东塔公园。

关于东塔还有一个美丽的传说。很久以前，宝山脚下住着一个穷苦青年，名叫周郎，靠在春陵水中捕鱼为生。

一天，南海龙王三女龙梅到春陵水游玩，见周郎生得俊秀，便化作在河边寻猪草的村姑，天天给周郎提鱼篓，一同游玩。日久生情，龙女便出一上联要周郎对下联，以试探周郎的才华，上联是："峰上栽枫，风卷枫动峰不动。"周郎思索一会答道："洲面泊舟，洲撑舟移洲不移。"龙梅爱怜周郎才貌，许以终身。此事被巡河夜叉得知后报告龙王。龙王大怒，派兵捉拿龙梅问罪，又在春陵水里兴风作浪，发大水淹没沿岸庄田。龙梅见百姓受害，周郎受苦，拔碧玉钗掷入河中，顷刻间出现一座大山挡住洪水，玉钗又变为擎天柱耸立山上，周郎把船漂到山边拴在柱上，百姓与周郎才保得平安。后人怀念龙梅，在山上修建一座宝塔以作纪念，此山后人名"鹿峰"，又是在州城东，故称塔为"鹿峰塔"或"东塔"。

江西九江锁江楼塔

九江曾被称为"溢城"、"江洲"、"浔阳"等，看地名就知道九江是与水分不开的，据说九江曾有九派水流汇集。水滋润大地，养育万物，因而九江山秀水美，风光无限，古人称九江为"天下眉目"。无限风光引得文人墨客云集于此，也孕育出陶渊明、黄庭坚等集人品与文品于一身的诗文大家，为九江积淀了深厚的文化底蕴。然而，治理水患也成为九江历代官府的大事。

明万历十四年(1586)，时任九江知府的吴秀既为锁江镇水，也为祈求文风昌盛，兴建了锁江楼塔。锁江楼塔是九江的风水宝塔，又叫"文峰塔"、"回龙塔"，但知道此名的人不多，大概消除水患才是人们对塔的最大愿望吧。

当时建塔的消息一传出，百姓踊跃捐款，其中捐款数额最大的有

钦差员外郎柯有裴、乡宦蔡延臣。传说知府吴秀站在城东北锁江楼旁的回龙矶上告诉同僚，建塔所需的圆木还没有解决，如果能像东林寺那样有个神运殿就好了。果不其然，几天后，便有200多根圆木顺江漂来，解决了燃眉之急。正所谓修塔锁江，神灵相助。这年秋天，塔落成，人们奔走相告，谓之江洲巨观。

锁江楼塔为楼阁式砖石空筒仿木结构，高25.6米。塔体六面七级，六角尖顶。底层为青石砌筑，塔门向西。石拼腰檐，檐口平直，石凿斗拱，砖砌牙檐，翼角微翘。翼角第六层东南外，皆凿有一孔，以系铃铎，时而江风吹来，铃声悦耳动听。塔顶为砖叠涩攒尖顶，塔刹乃铁铸成，由覆钵、露盘三重及水烟相串而成。塔内有木楼梯盘旋而上，登塔顶可眺望长江、湖北黄梅。锁江楼塔作为九江的风水宝塔，已屹立了400多年，饱经战争的磨难和风雨的侵蚀。据载，明万历三十六年（1608），九江发生了地震，锁江楼和江岸一侧的四尊铁牛中有两尊坠入江中，而锁江楼塔却完好无损。清乾隆十三年（1748），当时的官府重建了锁江楼，并增建了看鱼轩。咸丰年间，太平军与清军激战九江，锁江楼毁于战火，剩下的两尊铁牛也不知去向，唯锁江楼塔幸存。

新中国成立后，人民政府多次拨款维修锁江楼塔，对濒临崩塌的回龙矶岸进行了护坡加固，古老的锁江楼塔又重焕生机、活力。1987年，该塔被列为省重点文物保护单位。

上海龙华塔

龙华塔位于上海市徐汇区龙华镇著名的龙华寺前。相传始建于三国吴赤乌十年（247），是孙权为孝敬他的母亲而修建的，故又名"报恩塔"。现存龙华塔系北宋太平兴国二年（977）由吴越王钱弘俶重建。

龙华塔为砖木结构，七级八面，通高40.64米。塔内为方室楼阁式，有木制楼梯可以上达。塔外每层均有平座、构栏，飞檐高翘，角挂风铃。塔檐和平座之下，均有斗拱层层挑托，显示了木构楼阁建筑玲珑秀丽的外观特色。现存塔身和基础仍为宋代原物。塔檐和平座栏杆虽经历代维修过，但仍保存了宋代建筑的风格。

抗战前，龙华一带以桃花驰名，有"柳绕江林，桃红十里"的胜景，抗战时湮没。建国后扩建龙华公园，再植桃树，春暖花开的时节，景色十分宜人，实为龙华八景之一，是游人的绝好去处。

江苏南京大报恩寺塔

　　大报恩寺塔坐落在南京中华门外的故长干里。明永乐十年（1412），明成祖朱棣为纪念生母硕妃，历时近20年，在此建造了大报恩寺和九级琉璃宝塔。大报恩寺塔曾被称为"中国之大古董，永乐之大窑器"，外观全部是白瓷砖和五色琉璃瓦。大报恩寺塔极其雄伟壮观，永乐皇帝封它为"第一塔"，欧洲人称之为"世界奇观"。

　　大报恩寺塔这一中国历史上举世无双的琉璃宝塔在金陵城外雄峙了400多年，直到1856年因太平天国战火而只剩下一塔顶盘和若干琉璃瓦构件。如今只有从明代诗人的作品中可以遥想当年报恩寺塔的风华。如黄之隽的《登报恩寺塔绝顶》写登临大报恩寺塔所见，该塔高100余米，比现在南京的大多数高层建筑还要高，诗中所写"到眼无埃壒，苍茫入素秋。万家斜照外，千古大江流"的情景和当代南京人登上金鹰、商茂看到的景象是一样的。

杭州雷峰塔

　　雷峰塔建成于宋太宗太平兴国二年（977），为八角七层楼阁式塔，位于杭州西湖南岸南屏山日慧峰下的净慈寺前。雷峰为南屏山向北伸展的余脉，濒湖勃然隆起，林木葱郁。雷峰塔相传为吴越王为庆黄妃得子而建，故初名"黄妃塔"。但民间因塔在雷峰，均称之为"雷峰塔"。塔原共七层，重檐飞栋，窗户洞达，十分壮观。到宋徽宗时由于兵火之乱，塔刹、塔顶、回廊、塔檐已全部被烧毁，在南宋乾道七年（1171），僧人智有进行重建，将此塔改为八角五层。到1924年，雷峰塔又倒塌了。

　　从雷峰塔的旧基中观察，此塔为八角形五层，在一层之上二层之下，建设平座，外檐围廊，也就是说带有副阶，有梁洞插竿洞眼、深槽，这是当年安设木枋用的。塔檐已掉下。二层、三层、四层、五层，这四层木檐已掉，每层门上下相对，斗拱以及檐子构造全都看不清楚。第一层做的是圭角形门洞口，还

可以看出。现塔为公元2003年重建，但其式样已经改变。

雷峰塔曾是西湖的标志性景点，旧时雷峰塔与北山的保俶塔，一南一北，隔湖相望，西湖上也曾呈现出"一湖映双塔，南北相对峙"的美景。每当夕阳西下，塔影横空，别有一番情趣，故被称为"雷峰夕照"。至明嘉靖年间，塔外部楼廊被倭寇烧毁。塔基砖被迷信者盗窃，导致塔于1924年9月25日倾踏。清人许承祖曾作诗云："黄妃古塔势穹窿，苍翠藤萝兀倚空。奇景那知缘劫火，孤峰斜映夕阳红。"雷峰塔倒塌之后，不仅作为西湖十景之一的"雷峰夕照"成了空名，而且"南山之景全虚"，连山名也换成了夕照山。

杭州保俶塔

　　保俶塔，又名"宝石塔"，耸立于杭州西湖北侧宝石山之巅，是杭州有名的古塔之一，也是西湖风景的一大标志。

　　塔建于北宋初年，相传吴越王钱弘俶应宋帝赵匡胤之召赴京，迟迟未归，大臣吴延爽为了祷告上天保佑其主能平安返回而建，故取名为"保俶塔"。

　　初建时塔身为九级砖木结构，可登临眺望，后毁。宋咸平元年（998）重建时，即改为七级砖砌实心塔，可惜千百年间屡建屡毁，现存保俶塔是1933年按原样重建的。塔身仍用砖砌筑，塔高45.3米，塔身线条平缓柔和，塔基极小，在建筑处理上成功地应用了比例和尺度的关系，从而构成了保俶塔挺拔、秀丽、高耸的特点，这种别具一格的古塔是我国现存同类古塔中的佼佼者。

隋塔

隋塔位于浙江天台县城，是国清寺的标志之一。

国清寺隋塔坐落在天台山麓，规模宏大的国清寺被认为是天台宗的祖寺，而天台山的胜地，也主要集中在国清寺附近，故称"国清风景区"。这座隋塔建造别致，塔顶上没有塔头，因此，从塔内仰望就能看见蓝天。隋塔为浙江省重点保护文物。近几年，人们加固了隋塔塔基，并在塔周新铺了台阶，还栽植了很多鲜花松柏，风景更加宜人。

隋塔是一座九级浮屠塔，级间衔接处，用黄砖砌成双线图案，六面六角，荷形塔窗。全身为褐黄色，高59.3米，十分伟岸、挺拔。空心、砖壁。壁上的佛像栩栩如生，极为精美。它始建于隋开皇十八年(598)，与国清寺一样古老。

隋塔下有一排七佛塔。七佛塔后的山坡上矗立着一座"唐一行禅师塔"，这是为了纪念唐代天文学家一行僧到国清寺拜师学算编制《大衍历》而修建的。

山门外的溪流上，有一条用乱石铺嵌而成的古拱桥，桥洞呈椭圆状，名叫"丰干桥"。桥下是"双涧回澜"的胜景。每逢夏秋大雨，桥下溪水满盈。东涧水色黄浊而湍急，西涧水色清澈而平缓，两涧之水在桥下汇合冲激，漩涡叠现，形成回澜之势，十分壮观。当年一行僧来时，见此奇观，留下了"一行到此水西流"的佳话。

国清寺为天下丛林"四绝"之一。整个建筑形成五条轴线：正中轴线为山门、弥勒殿(门神殿)、钟鼓楼、雨花殿(四天王殿)、大雄宝殿、观音殿；西一轴线为安养堂、三圣殿、妙法堂(楼上为藏经阁)；西二轴线为伽蓝殿、罗汉堂、文物室(楼上为玉佛阁)；东一轴线为聚贤堂(僧众餐厅)、方丈楼、迎塔楼；东二轴线为知客堂、大彻堂和修竹轩。廊檐形式集我国古代建筑之大成，有挑檐廊、连檐廊、重檐廊、双层柱廊、双檐双层廊、单层柱廊等，廊檐互应；禅门重重，忽高忽低，忽明忽暗，忽宽忽窄，忽直忽曲，富有中国古典园林的特色。

小故事

　　关于隋塔缺头，有这样一个传说：国清寺建成以后，里面供奉着五百罗汉。他们相约连夜为国清寺修造一座宝塔，以增添名刹风光。正当五百罗汉忙于搬运砖石修砌时，南海观音路过天台，观音见石桥山中两峰对峙，飞瀑高悬，十分壮观，也有心为天台山锦上添花，架一座石桥来增添景观。观音见国清寺外砖块堆积如山，就向五百罗汉借砖，罗汉不肯。观音向罗汉借锅煮饭，罗汉又故意将铁锅敲了一个洞。观音见此，微微一笑，小施法术，在铁锅中烧出了香喷喷的米饭。罗汉见状，大吃一惊，把铁锅搬来一看，原来锅上的破洞，只漏砂，不漏米。从此这口锅就叫"漏砂锅"。后人在藏放这口大铁锅的房间门口写了一副对联："古寺犹有寒灶石，云橱尚存漏砂锅"。

　　五百罗汉造的塔头，搁在金地岭，准备待宝塔落成时再搬来安装。观音有意作难，用法力将它牢牢定住，尽管五百罗汉想尽办法，彻夜苦搬，怎奈金鸡报晓，天色已明，再也无法将塔头搬下山来，所以隋塔缺了个塔头，而金地岭上多了个塔头寺，塔头至今还在呢！

福建罗星塔

闽江下游三水汇合处的马尾港，有罗星山，旧时位于江心。山顶屹立一塔，砥柱海天。这便是驰名中外的罗星塔。

罗星塔为宋代柳七娘所建。相传七娘系岭南人，因姿容俏丽被乡间豪绅看中，设下圈套，嫁祸给她的丈夫，将她的丈夫送去当了苦役。七娘随夫入闽，不久，其夫被折磨致死。她变卖家产，在此建造一座石塔，为亡夫祈福。由于塔下山突立水中，回澜砥柱，水势旋涡，好似"磨心"，所以也称"磨心塔"。明万历年间，罗星塔被海风推倒。天启年间，著名学者徐渤等人提议复建。所以，"冶城东望海天遥，谁遣中流二柱标"，出自明代叶向高诗句，感慨古塔的消失。重建的石塔为七层八角，高31.5米，塔座直径为8.6米，每层均建拱门，可拾级而上；外有石砌栏杆和泄水搪。檐角上镇有八佛，角下悬铃铎，海风吹来，叮当作响，"舵楼风细听铃雨，月近家园渐觉圆"。清光绪十年（1884），中法马江海战就在塔下开火，石塔损坏多处。战后，人们在塔顶安装一颗铁球，以代替被炮火所毁的塔刹。1964年重修，因栏板和塔檐剥落，只好改用铁管栏杆。但建筑的艺术风貌仍为原样。

罗星塔与马限山麓下的马礁，隔水相望。这段江面的潮水，变化万千，尤其是八月大潮时日，"孤舟出海门，豁然乾坤白。浪花三千尺，石马不可见。"罗星塔形势险要。1559年，戚继光部下参将尹风把守马尾，痛击倭寇，到1656年郑成功北上抗清，在罗星塔筑堡训练水师，再到1884年中法马江海战，800余名水师官兵殉难的壮烈悲剧，都是历史的见证。

罗星塔山现已开辟成公园。西侧有溯江楼，南麓有望江亭。园中还有忠魂台、鸣潮阁、友谊轩等。穿过公园入口处的牌楼，园内四时花木繁茂，风景宜人。几株参天古榕紧紧相挨，郁郁葱葱，像一座绿色的城墙，环抱着巍巍古塔。从塔内拾阶而上，旋至塔顶，顿觉视野开阔，令人心旷神怡。纵日四望，远观闽江两岸的风光，近看港区建设新貌，一幅幅色泽鲜明的图画，水天一色，山秀物新，尽收眼底。

罗星塔是国际公认的航标，是闽江门户的标志，有"中国塔"之誉。塔下是罗星公园，公园旁有国际海员俱乐部。登临塔顶，港口码头、开发区尽在眼底。江岸两旁还有古炮台，可以看到当年烟火弥漫的中法战役的古战场，还可以到昭忠祠凭吊为国捐躯的先烈。

福建瑞云塔

在龙江北岸有一座号称"南天玉柱"的瑞云塔。该塔始建于明万历三十四年（1606），竣于万历四十三年（1615），历时10年。当时由叶向高之子、丞叶成学与知县凌汉聊募捐鸠工，名匠李邦达负责设计施工。传说奠基之日，五色云自太保山来覆其上，烂漫辉映，故塔建成后名为"瑞云塔"。

瑞云塔由雕琢精致的花岗石砌建而成，塔高34.6米，七层八角，外形为仿木构楼阁式，底基为单层八角须弥座，周长24米。第一层北面开门，塔门额竖匾上镌刻"凌霄玉柱"四个遒劲有力的大字，其余七面设佛龛。第二层至第七层两面开门，六面设佛龛。塔内为八角空心室，各层转角倚柱呈海棠状，并有曲尺形登临石阶，供游人拾级而上。柱顶斗拱二层，叠涩出层檐，檐面浮雕瓦陇，顶为葫芦塔刹。塔身内外每层皆有浮雕，内容丰富多彩，有武士、比丘、罗汉、菩萨、力士、佛像等浮雕和佛教故事图案。还刻有花卉、龙、狮子、鹿、凤凰、奔马、兔、猴、鹤等飞禽走兽浮雕共400多幅，大小不一，大的高达1.5米，小的只有20厘米，这些浮雕千姿百态，形象逼真，栩栩如生，具有较高的艺术价值。每层进出口处左右有两尊精雕细凿的守门神，现仅存12尊，其中，塔的第一层入口处两尊守门神最为高大，披坚执锐，奋髯怒目，威武雄壮。更为别致的是，每层八角檐端各坐镇一尊镇塔将军，共48尊，大小、模样、神情都相似，端庄肃穆，俯视下界，平添了几分神秘气息。

瑞云塔拔地而起，耸立在玉融大地上，成为一道亮丽的风景，更成为福清的乡关标志，引无数文人骚客吟诗作文。瑞云塔具有重要的文物价值，1965年被福建省人民政府公布为第一批文物保护单位。

福建千佛陶塔

千佛陶塔位于福建省福州市东郊鼓山涌泉寺山门前。原在龙瑞寺内，因寺毁，1972年迁移到现在的地址。双塔分峙左右，东塔为庄严劫千佛宝塔，西塔为普贤劫千佛宝塔。塔烧制于北宋元丰五年（1082），用上好的陶土烧制，平面呈八角形，九层，各高6.83米，底座直径为1.2米，仿木结构均为出阁式。塔身逐层收缩，造型轻巧玲珑。塔身、门窗、柱子、塔檐、斗拱、飞椽、瓦陇等各种构件，都是用陶土分层烧造，然后拼合垒叠而成的。这样不仅便于制做，而且便于搬迁和装配。此塔装饰非常富丽，各层塔身上贴塑佛像共1 078尊，塔基座上塑出的金刚力士，有力负千钧的姿态，并塑有奔跑追逐的狮子以及各种花卉图案。各层塔檐檐角上有镇檐佛，转角处的檐下，均悬有风铎，清风徐来，叮当作响，悦耳动听。塔刹为三重葫芦式，上冠以宝珠。塔座上除刻有烧制的年代和塔名之外，还刻有施舍者和烧制工匠的姓名。

此塔上涂紫铜色彩釉，表面光泽明亮，是研究中国陶瓷工艺发展的重要实物，而且体重如此巨大、烧制又如此精美的大型陶土宝塔，为建塔史上所罕见。

福建姑嫂塔

姑嫂塔，又名"万寿塔"、"关锁塔"，位于福建省石狮市东南5千米处的宝盖山上。始建于南宋绍兴八年(1138)，后遭雷击，乾隆四十年(1775)按原样重修。明代何乔远的《闽书》载："昔有姑嫂为商人妇，商贩海，久不至，姑嫂塔而望之，若望夫石然。塔中刻二女像……"另传古有姑嫂二人，热切盼望着漂洋过海的亲人，终日垒石登高远眺，伤心而亡，时人哀而筑塔祀之，故名"姑嫂塔"。为省级文物保护单位。

姑嫂塔占地325平方米，高21.65米，八角五层，为仿楼阁式花岗石空心石塔。第一层西北面开一拱形石门，二至五层各有两个门洞，转角倚柱作梅花形，顶置穹形斗拱。塔身从下往上逐层缩小，每层叠涩出檐。外有回廊围栏环护四周，内有石阶可绕登塔顶。二层门额上刻"万寿宝塔"四字，顶层外壁建有方形石龛，龛内并刻两尊女像。

宝盖山面向台湾海峡，孤峰兀立，拔地而起。山巅上姑嫂塔独立凌空，巍峨挺拔。登临远眺，泉南形胜，海天风物，尽收眼底。姑嫂塔成为泉州港船舶出入的航标、闽南侨乡的标志。

福建无尘塔

　　无尘塔位于福建省仙游县城西北约50千米处的九座山太平院西侧。唐咸通六年（865）由正觉禅师创建，为历代僧人圆寂静化之处。原有木制横额，其上"无尘"二字是北宋崇宁年间（1102~1106）敕书，现已不存。无尘塔是福建现存年代最久的石塔之一。

　　塔为八角三层空心石构建筑，高14.22米，直径为6.45米。塔基为莲花舒瓣和波浪式雕刻，8根塔柱均为瓜棱式造型。塔的各层均有塔檐突出，拱形斗拱支柱，下为叠涩，上绕栏杆。底层设子午南北开门，东西设窗，下部八面有奔龙舞狮等浮雕图案。护门将军不放在底层门的左右两旁，而镶在底层东南、西南两个方向的石壁上。二、三两层四面开门，从底层至塔顶有螺旋式石级供攀登。塔尖为莲花葫芦顶。塔的建筑风格和结构有明显的唐代遗风。

塔东太平院大雄宝殿前，有两座建于晚唐的婆罗门六角实心石塔，高6米，八面刻佛像，造型雅观。塔南百山麓还保存有一座唐代和尚石墓，形似铜钟，结构别致，也是研究唐代石构建筑的宝贵文物。

福建三峰塔

福建省长乐市的南山山顶屹立着一座三峰塔，原名"圣寿宝塔"，是中国名塔之一。600多年前郑和七下西洋时，曾登上塔顶瞭望太平港。得知此塔原来是为宋徽宗祝寿而建，心中大为不满，遂改名为"三峰塔"。

据塔顶石刻记载，宋绍圣丙子三年（1096）始建三峰塔。塔身石构八角七层，仿楼阁建筑，高27.4米，塔壁刻有取材于佛教故事的精美浮雕。大力士基座八面环饰牡丹、狮等图案石刻。底层塔壁浮雕文殊、普贤、五十罗汉、十六飞天乐伎及佛教故事。一至六层有25面塔壁浮雕莲花座佛，分列2排，每排4尊，共200尊。八棱各刻一尊执械肃立的护法天王。每层叠石出檐，檐角饰

有龙头咧嘴式斗拱。塔内曲尺形石阶盘旋而上，与顶层的四门相通。塔的结构稳固匀称，虽经多次地震，仍巍然矗立。三峰塔是研究宋代建筑和石雕艺术的珍贵实物，被列入《中国名塔》。

广西富川瑞光塔

瑞光塔位于广西富川瑶族自治县县城南郊约500米富江西畔的急转弯处。因塔内曾供有阴刻雕观音像，俗称"观音塔"、"观音阁"。塔为七层楼阁式六角形砖塔，高28米，塔基深埋4.8米，塔尖有重达400千克的铜刹盖顶。各层皆有一门，依次按顺时针变化门向。顶层六面有窗。塔内有螺旋式砖梯78级，可直达顶层。登塔远眺，可观"富川八景"中的"三景"："富水奔涛"、"层峦耸翠"和"山泉飞瀑"。塔下林木成荫，玉泉清澈，环境幽雅。

　　瑞光塔建于何年，尚未见到具体史料。据《光绪富川县志》卷十二《杂记篇》载："明嘉靖三十四年(1555)春，雷击瑞光塔砌面"，说明它早在那时就已存在。清咸丰五年（1855）毁于兵火，同治十一年（1872）重修。从明朝至今400多年来，瑞光塔历经洪涝、地震和雷击等灾难，依旧安然无恙。民国初年，瑞光塔所在地曾辟为中山公园。1980年和1988年，县人民政府曾两次拨款维修，加固塔基。1980年，瑞光塔被列为县级重点文物保护单位。

广西南宁青山塔

青秀山，又名"青山"，被誉为"南宁市的绿肺"。位于市郊东南5千米处，南临邕江，山势雄奇秀拔，林木青翠，风景宜人，诗人赋诗《青秀松涛》，为古代南宁八景之一。据史料记载，宋明时曾先后在山上建有白云寺、万寿寺、独孤寺、青山寺、董泉亭、洞虚亭、龙象塔等，后均毁于战火中。

青秀山顶上矗立的宝塔叫"龙象塔"，俗称"青山塔"，它是青秀山的象征，始建于明万历年间，后被雷电击塌了两层，抗日战争期间政府认为此塔是日机轰炸南宁的"航标"，就把它炸掉了。到80年代中期才重新修建。它保留了明代的建筑风格，青砖碧瓦，八角叠檐，塔有九层，高60米，塔基直径为12米，有207级旋梯，为广西最高最大的塔。登上塔顶，可眺望方圆5～10千米的风光，南宁城的景色更是一览无余。

桂林日月双塔

日月双塔坐落在广西桂林市美丽的杉湖中，日塔为铜塔，位于湖中心，高41米，共九层，月塔为琉璃塔，高35米，共七层。两塔之间以一条10米长的湖底隧道相连。铜塔所有构件如塔什、瓦面、翘角、门拱、雀替、门窗、柱梁、天面、地面完全由铜壁画装饰，整座铜塔创下了三项世界之最——世界上最高的铜塔、世界上最高的铜质建筑物、世界上最高的水中塔。

双塔的四周、内墙、门窗等处都分布着五彩缤纷的图案，颜色主要以黄、绿、白、蓝、黑为主。这些壁画主要反映了桂北文化，图案以各种花草植物和"瑶王印"为主，体现了少数民族追求精美生活的文化特征。

地下通道实际上就是一座湖底公园。透过拱形玻璃，头顶和两侧的鲢鱼、鲤鱼、花斑鱼等在湖底悠闲自得地生活。从日塔底部乘坐电梯，可直达塔的最高层。从塔顶俯瞰，桂林城湖光山色尽收眼底。

四川龙爪塔

　　龙爪塔风景区因龙爪山(又名"玉印山")上的龙爪塔而得名，龙爪塔属四川省重点保护文物，相传由鲁班修建。但据文物部门考证，该塔建于唐朝年间。乾隆十二年(1747)增刻本《达州志·舆地图》已绘有龙爪山图，先后经嘉庆十八年(1813)和光绪十四年(1888)两次补修。塔底建筑面积为57.4平方米，底厚15米，外径长6米，周长26.7米。每层有砖砌花檐，除底层有一大门外，其余八层均有四扇小窗。塔顶用一口大铸铁锅封固，历经千年风霜雨雪，不锈不烂。登塔顶，远眺城邑，楼影点点。

　　龙爪山一峰孤耸，峭立江边，"如龙舒爪"。山下有深潭，名为"龙爪潭"。俯瞰深潭，碧波荡漾，百舸争流，令人神往。大文豪郭沫若1937年登上龙爪山，远眺凤凰山，立即挥毫抒发情怀："凤凰之山何蜿蜒，龙爪欲攀天。"1968年，达县市人民政府又拨专款维修了一至九层已经腐烂的木楼梯，1989年正式对游人开放。

四川成都镇江塔

坐落于成都邛崃市城东南3千米的镇江塔，是成都市境内最高的古塔，也是中国现存最高的风水古塔。这座高达75.48米的雄伟古塔，矗立在南河河心的沙碛上，经历了无数次风雨、洪水、地震灾害的严峻考验，至今仍巍然屹立，是现今我们研究古代建筑史和古代高层建筑不可多得的实物资料。

自佛教传入中国，在相当长的一段时期内，塔与佛寺结下了不解之缘，可以说是有塔必有寺。明代中叶以后，有的塔与佛教脱离，选址以风水为依据，或耸立闹市，或雄踞寒山，或镇守江畔。镇江塔就是一座以保护风水为目的而修建的古塔。

该塔曾名"回澜塔"，是清代分三次在明代塔基上重建的。据《邛州志》载："明万历四十四年（1616）州牧袁昭文始建镇江塔，郡进士杨伸撰碑记。崇祯末，毁于兵燹。"塔的第一次重建是在清代乾隆年间，由州官徐时敏主持。后因各种因素的干扰，当时仅完成底层部分。随后于清同治年间续建，完成一半。直到清光绪初年，州官李玉宣才最后主持完成，将此塔改名为"回澜文风塔"，当地人都习惯称之为"回澜塔"。

镇江塔共十三层，塔形为重楼式。塔顶有一铜制葫芦形塔刹，即人们通常所说的宝顶，远远望去金光灿灿，不知者以为是黄金宝顶。塔的平面呈正六边形，塔基用红砂石条砌成。每边长7.2米。塔基之上用青砖起砌塔身，各层叠涩内收，次第减小。

塔内有正方形塔心柱，直到第九层底部。塔心柱中空，各层于其中设殿龛，供奉八位历史人物，他们从下往上依次是：伍子胥、范蠡、关羽、李冰、苏轼、冯时行、岳飞和主宰文人命运的"奎星"。各层塔门外匾额上的题款，也与塔内供奉的人物相关。诸如第六层殿龛的冯时行，为北宋宣和六年（1124）的状元，川西民间传说他是四川的第一个状元，称其为"天之骄子"。而该层塔门外匾额上所题"科甲延绵"四字，寓意蜀中英才辈出，不绝于斯。塔至九层而上，内部全空，仅置直木梯一架供人上下。同时也因为内部没有供奉，故塔外也无匾额。这五层塔楼名曰"五常楼"，依次为仁、义、礼、智、信楼，儒家思想非常浓厚。

镇江塔又是成都地区唯一一座对外开放的古塔。游人从第一层塔门进入，可沿青砖砌于塔壁与塔心柱之间的阶梯盘旋而上，直到第九层后，可再沿木梯登至顶层。各层六面皆开有拱形窗口，既可通风透光，又可凭窗眺望。当游人登至顶层，从六个方向凭窗远眺，邛州古城和方圆数十里的山色风光尽收眼底。

云南佛图塔

　　大理众多的古塔中，佛图塔属于别具一格的古塔，传说中人们称它为"蛇骨塔"。它是白族英雄的象征。

　　传说南诏主劝利晟时，洱海里出了一条叫"薄劫"的巨蟒，常常兴风作浪淹没庄稼，吞食人畜，人民深受其苦。为此，南诏王张榜招勇士除害，但没有人敢应招。不久，有个叫段赤城的人揭榜，愿意与巨蟒搏斗，他浑身绑满利刃，手执利剑，只身扑向洱海与巨蟒搏斗，最后被蟒吞入腹中，与巨蟒同归于尽。为了纪念这位舍身除害的英雄，人们将他葬在苍山斜阳峰下，并用蟒蛇骨烧成灰拌在石灰中建起一座灵塔，俗称"蛇骨塔"。

　　有了这动人的传说，佛图塔声名远扬。佛图塔位于大理市下关北郊点苍山斜阳峰麓阳平村北面，塔后有寺，距下关市区4千米。佛图塔的建筑年代和建筑形式与崇圣寺三塔中的主塔千寻塔大体相同。塔高30.07米，为十三级密檐式空心方形砖塔，塔檐第一级至第四级的高度相差不大，每级约60厘米～70厘米；第八级至第十一级高度基本一致，每级约50厘米～55厘米，塔身内空，为筒形结构，直通至第十二级。塔顶有青铜塔刹。塔西佛图寺的房屋建筑比较完好，但寺内精美的佛像已毁于"文革"期间，有柏木雕观音像九尊，泥塑文殊、普贤像各一尊，石雕本主像三尊。

　　1980年，国家曾拨专款对佛图塔进行维修，发现了一批文物，其中有保存较好的经卷20多种共50余卷，主要有《金刚般若波罗蜜经》、《大通广方经》、《金光明经》等。经卷大部分是元代刊印的，有少部分是大理国时期的。

云南昆明官渡金刚塔

　　金刚塔，也称"穿心塔"，位于昆明东郊的古镇官渡螺峰村。金刚塔为沙石所建，形制之奇，建工之精，堪称国内金刚宝座式塔中的上品。

　　据典籍志书记载，金刚塔始建于明朝天顺元年（1457），次年落成。至今历经500多年的风雨沧桑，其塔虽为风蚀斑驳，但风骨依旧，傲然耸立。

　　金刚塔的基台为方形，底部开有券洞门。须弥座式基台高4.8米，边长10.4米。基台上有五座佛塔，中心的主塔为金刚宝座塔。主塔须弥座高2.7米，边长5.5米，总高16米。主塔的四边是形制一致的群塔，基台四角雕有力士像四尊，四面皆为雕刻，形象生动，刻工精湛。放眼望去，金刚塔主塔状似喇嘛塔，塔的下部是七圈莲瓣，上承覆钵形塔身，四面各开一佛龛，并塑有佛像。塔刹上有十三天相轮、铜宝伞盖、摩尼珠和宝瓶。主塔四周的四座小塔，通高8.84米。主塔与四小群塔，参差不齐，错落有致，相映成趣。金刚塔建成至今有着500多年的历史，具有重要的历史文化价值和艺术价值。1996年，国务院将该塔列为全国重点文物。

　　金刚塔由于塔基土层松软而沉陷，塔基低于地平面1.6米，基部受到水的侵蚀，对整座塔的稳定造成威胁。近年来，在政府和文物部门的大力支持下，设计部门对金刚塔做了认真勘察，并制订出一整套科学可行的施工方案，对金刚塔做整体加固抬升处理。在对金刚塔的保护性施工中，由于工程技术人员非常精细小心，金刚塔修复如旧，整体抬升2.6米，依然保持着往日的风貌。

云南大理崇圣寺三塔

　　崇圣寺三塔，距离下关4千米，位于大理以北1.5千米处的苍山应乐峰下，背靠苍山，面临洱海，三塔由一大二小三座佛塔组成，呈鼎立之态，远远望去，雄浑壮丽，是苍洱胜景之一。崇圣寺三塔为第一批全国重点文物保护单位。

　　崇圣寺三塔的基座为方形，四周有石栏，石栏的四角柱头雕有石狮，其东面正中有块石照壁，上书"永镇山川"四个大字，颇有气魄。三塔互为鼎足之势，主塔千寻塔巍然耸立在石构栏的两重台之上，顶高70米，为十六级密檐式方形砖塔，除叠涩外，全以白灰泥抹面，每级四面有龛，相对两龛内供佛像，另两龛为窗洞，相邻两级窗洞的方向交替错开，解决了塔内的采光通风问题。底层高约13米。西面设塔门，塔内装有木骨架，循梯可达顶层。塔顶有铜制覆钵，上置塔刹，与西安大小雁塔同是唐代的典型建筑。

小故事

　　崇圣寺三塔相传建于南诏保和时期，近年来曾在塔顶发现南诏、大理时期的重要文物600余件。南、北二小塔，位于主塔之后，两塔间距为97.5米，与主塔相距70米，成三塔鼎足之势，两塔均为八角形空心砖塔，共十级，各高43米。三塔的主塔始建于8世纪，为唐朝的中期、云南的南诏国后期，两小塔建于10世纪，如宋初和云南的大理国时代，本来是巍立在号称"百厦千佛"规模宏大的崇圣寺山门前面的，因历经地震与兵火，寺宇已荡然无存，唯有三塔在这著名的地震多发地区，历经千年而安然矗立到现在。

云南大理千寻塔

　　云南大理千寻塔坐落于云南省大理县城西北方向的崇圣寺内。始建于公元9世纪，在当时的大理属南诏国，相当于内地唐代的中晚期。

　　千寻塔为砖结构的密檐塔，檐数颇多，达16层，高58米，是檐数最多的密檐塔，也是比例最细高的密檐塔。塔的整体造型和唐代其它密檐塔非常接近，即底层极高，上面的密檐为多重，全塔的中部微向外凸，上部的收分则比较缓和，整体造型像一只梭子。从局部来看，千寻塔的各层塔檐中部微向下凹进，角部微翘；在塔的底层，东面为塔门，西面开有一窗，以上各层依南北、东西方向交错设置券洞和券龛，而之前的密檐塔的每层塔身所开的券洞都是上下直通的。千寻塔作出如此改进，不仅在造型上更富变化，还有利于抗震。

　　千寻塔耸立在洱海之畔，西负点苍山，是大理的标志性建筑，是云南大理一道美丽的风景线。

广东惠州文笔塔

建于清初的文笔塔为楼阁式五层砖塔，呈正八边形，高20.29米、基座边长2.5米，塔内不能登临。塔身的八个壁面上，第二层开方形明窗作为点缀，第三层南、北两面辟有圭形门，四、五层则仅在南面辟门。塔刹的建筑颇有特色，由刹座、覆钵、宝盖、宝珠等组成，比例协调、装饰性突出。塔身底层较高，达3.05米，以上各层次第减低，面积也层层缩小。

合江楼旁筑塔以励志，起名"文笔塔"。寓意是希望借此塔保佑当地读书人能够功成名就，青云直上。基于这种寓意，塔下的东城基还被称作"青云路"。已有400年历史的文笔塔，上下曾长满荒草，如今已修复平整。

在通往文笔塔的"青云路"上，街道两旁散见的一些"红砂岩"，有可能是合江楼毁坏之后的残留，如今都被当做寻常百姓家门前的阶石。文笔塔背后，原是惠州太守府东堂庭院，苏东坡就是在那里品尝到荔枝名品"陈家紫"，并写下了两首关于荔枝的诗，其中之一就有广为传诵的"日啖荔枝三百颗，不辞长作岭南人"之句。

广东凤凰塔

凤凰塔位于广东潮州古城外东南约2千米处的韩江之滨，因遥对凤凰山，又与隔江的凤凰台相望，故名。凤凰塔右的韩江支流北溪旱时溪水常涸，俗名"涸溪"，故此塔又称"涸溪塔"。

凤凰塔始建于明万历十三年（1585），清乾隆三十年（1765）重修。塔高45.8米，基围46.6米，墙厚2米多，七层八面，石砖结构，工程浩大。塔的第一、二层为石砌，第三层以上为砖砌，塔身中空，夹壁中有螺旋形台阶可登顶层。凭栏眺望，潮州古城景色皆映入眼帘。此塔塔尖有3米高的铁葫芦，重达2万多斤。塔基须弥座分雕龙、凤、鹤、马、羊等各种祥禽瑞兽和精美的花卉。座的几个角还刻有各种不同造型、不同形态的力士像。塔门西北向，两边有明万历年间潮州知府郭子章所写的对联："玉柱擎天，凤起丹山标七级；金轮着地，龙蟠赤海镇三阳。"凤凰塔位于韩江东岸，正当江水分流要冲，地势险要。近400年来，虽经台风、洪水、地震考验，仍巍然耸立。1962年7月被列为省重点文物保护单位。

广东宝光塔

宝光塔位于广东省高州市区西南部的鉴江河畔上，建于明万历四年（1576）。该塔为八角九层楼阁式砖塔，通高65.8米，底层边长5.72米。塔身全部用青砖砌筑。塔基为须弥座，束腰部分各面均嵌有三幅花岗岩浮雕图案，每幅浮雕长1.45米，高0.55米。浮雕内容分别有吉祥富贵、双凤朝阳、鹏程万里、鱼跃龙门，还有独具特色的高州香蕉图等。两幅浮雕之间，镶嵌一块竹节形石浮雕相隔。竹节浮雕高0.55米，宽0.28米。基座每角镶嵌一尊托塔力士浮雕，高0.55米，宽0.38米。托塔力士双手高擎塔身，给人以安全稳重之感。

宝光塔塔门用砖雕图案装饰，门额上方用砖雕阴文横书塔名"宝光塔"。塔名右上方有两行竖书阴文款，分别为"分守岭西道政朱东光"和"参政徐大任"。塔名左下方有阴文竖书落款"万历丙子仲春建"。

塔内建有螺旋形砖级，为壁内折上式，沿着阶梯，可以逐层攀登，直到塔顶。每层设四面真门、四面假门，两两相对。塔内通明透亮。过去在塔内，每层都立有数尊佛像，其中底层为护塔大佛像，造型高大威严；其余各层为小佛像，形态各异。加之塔下同时兴建的发祥寺中有众多的大小佛像，形成了浓郁的宗教气氛。因此，群众俗称宝光塔为"佛塔"。

在宝光塔两侧约200米处，保存有当年建塔时的民工住宅遗址——周家宅。周家宅为两进的民居建筑，砖木结构，小巧玲珑。民居正厅内，保存有完整的图案花饰。由于此屋建造坚固，故一直保存至今，是一座不可多得的明代民居建筑。

据《高州府志》记载，建造宝光塔，共耗费白金13余万两。这些建塔资金分摊到府属六个县衙负担，同时发动乡民捐献，县中邑人李铠捐资8万两。

由于塔建在鉴江边沿，塔基为浮沙所堆，每年都要经受数次洪水的侵蚀，还要遭受无数次雷电的袭击，因此严重威胁着塔身安全。清代咸丰九年（1859）曾做修整，加固塔基，培植护堤水草，减缓水力冲击，对塔的稳固起到了一定的作用。1964年秋，高州县人民政府拨出专款，加固塔内阶梯。1993年春，高州市人民政府在广东省文管会的支持下，又拨出20多万元，对宝光塔进行全面维修。这次维修的主要项目有：修筑防洪堤、加固塔基、修补塔身、重铸塔刹、安装避雷针，以消除自然破坏隐患，保护塔身及游人安全。与此同时，增设与宝光塔有关的配套设施，开辟宝光公园，使广大游人在参观文化古迹的同时，扩展视野，增加美的享受。古往今来，众多登塔游人，在攀登此塔时诗兴大发，留下大量诗篇。如明代知县张晓所作的《秋日登宝光塔诗》，是其中较有代表性的一首。诗曰："浮图九级俯江流，乘兴抠衣豁倦眸。万里雄风吹短袖，四山疏雨澹高秋。星辰半自晴空落，云气低联远岫浮。回首尘寰烟树隔，犹疑飞鸟傍云游。"

宝光塔是广东省最高的楼阁式塔，具有较高的历史价值和艺术价值。1989年被列为广东省省级文物保护单位。

海南涅槃塔

这是一座建于宋代末年历时800多年的佛教名塔，为海南省重点文物保护单位。

涅槃塔，全用石块筑成，古老朴实，巍峨雄伟。塔通体高2.6米，竖置在高10余米、宽7.6米、长7.68米的高大的台基上。塔分五层，由23层石头筑成，呈四角形。第一层内龛供奉石雕像一尊，檐角飞起，基座为金字形。塔顶设有一亭，亭内陈设着菩萨和武将神像，置覆钵和火焰盘轮竿。塔基背面设台阶25级，拾级而上，可登上台基顶面。塔的台基全由方块石垒叠而成，颇似仿金钢塔式"宝座"。塔的造型特殊，艺术精湛，别具一格，在琼崖独一无二，为全国罕见。

涅槃，是佛教用语，有双重含义，一是指幻想的超脱生死境界，二是原指释迦牟尼之死，后用于代称佛僧的死。涅槃塔命名，可能是取"涅槃"的第一义。涅槃塔的来历有多种传说。一说宋代末年，石山地区有一民女符氏姑娘，美貌无比，心灵手巧，手艺超群，编织草鞋闻名遐迩，靠卖草鞋来积蓄银两。她信佛敬佛，用一生的积蓄来建造此塔，当地人称为"草鞋塔"。再说宋高宗绍兴年间副相李光同卖国求荣的秦桧进行坚决的斗争。可是，朝廷腐败无能，奸臣当道。秦桧和杨顾等人上下勾结，诬陷李光，将其流放海南，住在石山儒符村，他辞世后，当地人民便建造此塔来纪念他。三说宋代有位抗金爱国将领名叫白玉潭，他竭力反对奸臣秦桧与金人议和的主张，招致陷害，被流放海南孤岛。初到时，他在儒符村落脚，给石山一带传播中原文化，乡人受益不浅，后来建造此塔来纪念他。

海南斗柄塔

　　七星岭林密草茂，动植物资源丰富。斗柄塔矗立于七星岭主峰上犹如七星生柄，故得名"斗柄塔"。塔建于明朝天启五年（1625），清朝光绪十三年（1887）重修。塔的平面呈八角形，共七层，层层收缩递减，砖道以线砖与梭角子砖叠涩出檐，每层有拱门，内设螺旋式阶梯104级，拾级可登塔顶。塔高约20米，塔顶葫芦已废。现仅存覆盆，塔基围44.8米，塔身厚3.55米。塔门向西，门额石匾刻有"斗柄塔"三个字。上款刻"明天启五年孟冬月建造"；下款刻"清光绪十三年孟重修"。斗柄塔对望琼州海峡，过去的商民船只在经过此峡时，因无航标，常有失踪、遇险的事情发生，

被认为是妖怪作祟。明代礼部尚书王宏诲致仕后，以航标和镇妖为目的，邀众并奏请朝廷拨款建塔。此塔造型端庄稳重，雍容大方，居高挺拔，耸入云霄，气势雄伟壮观。始建至今已370多年，历经沧桑，顶风沐雨，经受无数次强台风及雷电的袭击，依然巍然屹立。该塔不仅是海上航运和渔船作业的特殊航标，还是研究海南古塔发展历史的宝贵资料。